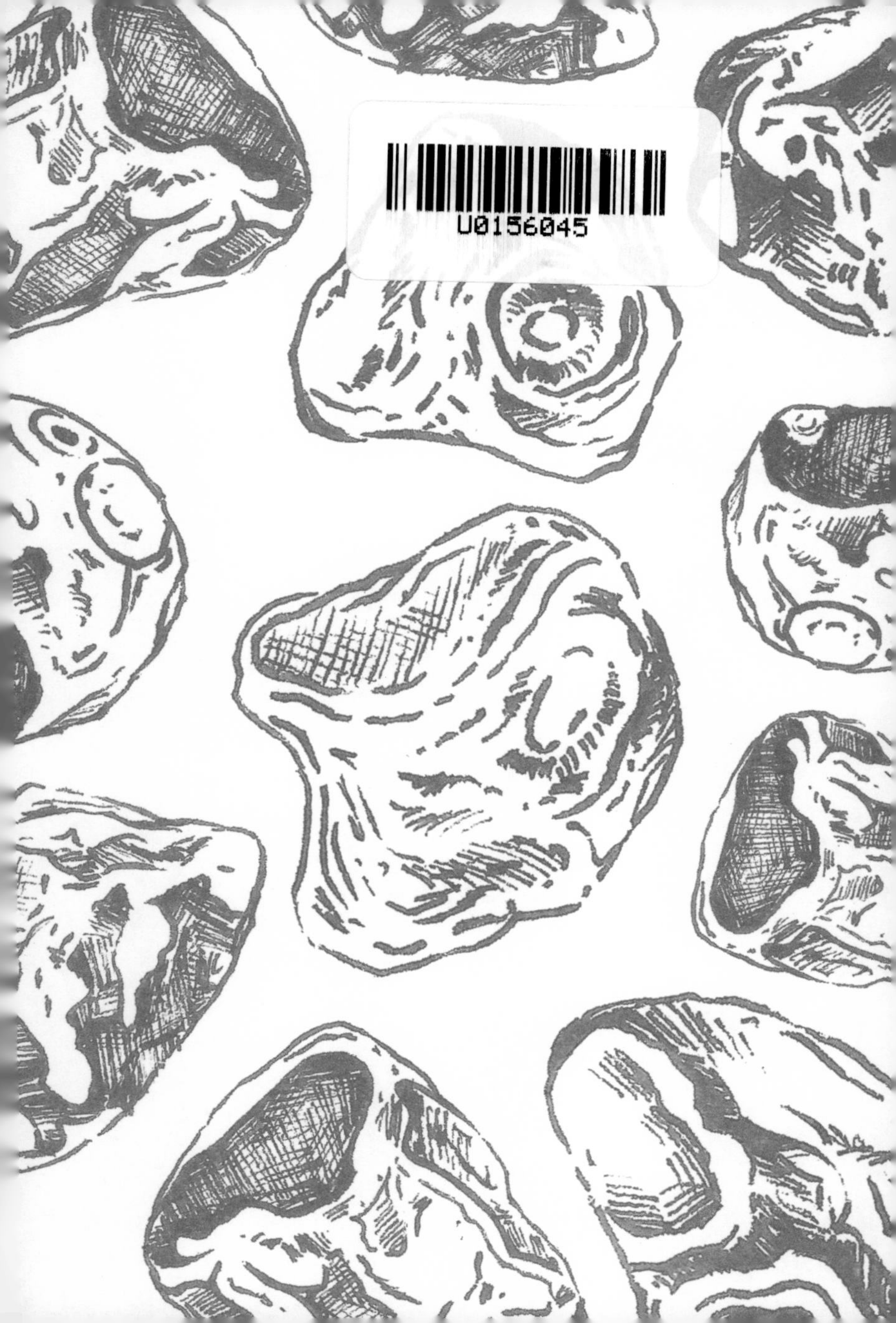

知乎

有问题 就会有答案

地质词典

Geopedia

A Brief Compendium of Geologic Curiosities

[美] 马西娅·比约内鲁德 著
[美] 黑利·哈格曼 绘
刘强 高元熙 译

贵州科技出版社

图书在版编目（CIP）数据

地质词典 /（美）马西娅・比约内鲁德著；（美）黑利・哈格曼绘；刘强，高元熙译. 一贵阳：贵州科技出版社，2023.7
（博物词典系列）
ISBN 978-7-5532-1150-3

Ⅰ. ①地… Ⅱ. ①马… ②黑… ③刘… ④高… Ⅲ. ①地质学—词典 Ⅳ. ①P5-61
中国版本图书馆CIP数据核字（2023）第020611号

地质词典
DIZHI CIDIAN

出版发行　贵州科技出版社
地　　址　贵阳市观山湖区会展东路SOHO区A座（邮政编码：550081）
网　　址　https://www.gzstph.com
出 版 人　王立红
经　　销　全国各地新华书店
印　　刷　河北中科印刷科技发展有限公司
版　　次　2023年7月第1版
印　　次　2023年7月第1次印刷
字　　数　168千字
印　　张　9.25
开　　本　880 mm × 1230 mm　1/32
书　　号　ISBN 978-7-5532-1150-3
定　　价　69.80元

本书献给 F、G、J、K、O 和 P，来自 M 的爱

前　言
Preface

你好，地球生物！

也许你不太习惯这个称呼，但是，“地球生灵”是你最基础的身份。你（人类）的演化过程根植于地球。从字面上看，你就是由“地球”组成的：你是由地球上的水和土壤中的矿物质组成的；水通过云、河流和海洋循环了几个宙的时间；土壤中的矿物来自岩石，而岩石则形成于行星内部的锻造。在现代社会，技术和城市基础设施让我们产生了某种错觉，自以为获得了某种可以脱离自然世界的自主权，但是我们的祖先深知脚下大地的重要性。在希伯来语中，“亚当”（Adam）意味着“大地”或者“黏土”，而“人类”（human）这个单词与印欧语系中一个古老的词“humus”（腐殖质或者土壤）共享词根，这反映出人类对其本质的深刻理解。

假设我们人类确实来自多石的大地，那么也可以说石头是人类的塑造者之一。石头作为一种工具，定义了我们第一个、时间最长的技术时代（石器时代）。其实我们现在仍处于某种意义上的“石器时代”，不仅完全依赖岩石来获取地下水、建筑材料、化石燃料、金属、高科技设施所需的元素，而且要依靠岩石来获取无法培育、种植或捕获的重要商品。

然而，人们几乎不会意识到为人们提供基础设施的地质环境，抑或是地球的辛勤工作，这主要是因为人们了解地球组成部分的机会很少。甚至在提供良好的理科（物理、化学和生物科学）教育的学校里，完善的地球科学课程也凤毛麟角；而在教育资源更为稀缺的学校，地质学则被当成无关紧要的课程。结果就是，我们造就了一个“地质学文盲”社会。这种状况不仅导致我们无视环境恶化，还让我们与“地球的后代”“应该共享地球的遗产”的认知割裂。

以上现象是学术史上一个不幸的偶发事件；在所有科学中，地质学是一个“大器晚成”的学科。在 19 世纪早期，当物理学家不断发现将人类对物质的理解推向新高度的原理时，地质学家大部分还在收集奇石、当珍宝阁的主人或充任珍奇博物馆的馆长。虽然在维多利亚时代，地质学家就对地球的结构进行了描述，包括地球上的含化石地层、岩石和矿物，以及地表特征，但直到 20 世纪中晚期，这个星球复杂的"生理机能"——板块构造、气候系统、全球生物地球化学循环——大多仍处于未知阶段。那时，在大众的印象中，地质学是一门比较陈腐的科学，主要内容是收集那些不知何时遗留下来的、毫无生气的史前古器物，并进行分类。

公众对地质学的印象还停留在过去，这种认知导致现在的地球科学家也提不起干劲来。然而实际上，最近几十年堪称地质学或地球科学的黄金时代。现在的地质学不仅仅研究岩石，还研究大气、海洋、冰盖、地磁场，以及地球系统中的其他活动部位；不仅仅研究地球这颗行星的过去，还研究它的现在和将来。现代地球科学将自 19 世纪以来已经成为学科基础的野外观测与高精度的地球化学分析、卫星观测、地球物理监测、数值模拟等技术结合起来，使研究的时间跨度从秒级（一次地震出现的时间长度）拓展得更宽，这就让人们有机会了解地球 45 亿年间的历史变迁。对地球科学家来说，岩石不是名词，而是一个动词；它们远不是毫无生气的“古董”，而是地球精力充沛地进行创造的证据，说明地球有能力不停歇地将原始物质转化成新形式。岩石是记录固体地球与水体、大气和生命对话的年鉴。它们既是地球历史的迷人档案，也是我们眺望未来的最佳窗口。地质词典反映的不仅仅是岩石和地质现象的巨大多样性，更是过去一万年间人类与地质现象共同经历的丰富历史。

我非常理解外行人对地质学术语糟糕的第一印象：难懂又令人厌烦。化学，至少有一套规则来给化合物命名；生物学，利用林奈分类系统来分析梳理复杂多样的有机物。相反，地质学的术语是一个大杂烩，它们有的出自神话，有的选取希腊和拉丁词根合成新词，还有的根本就是令人尴尬的不合时宜、极具功利性的新创词语。从阿拉伯语（erg，流动沙丘）到因纽特语（nunatak，冰原岛峰），从斯洛文尼亚语（karst，喀斯特）到爪哇语（lahar，火山泥石流），地质学术语还大量引入了世界各地的语言。这是因为地质学的命名法基于一个前提，即亲历某一地质现象的人，才是对其进行描述的最佳人选。也许人们该原谅地球科学家像喜鹊一样叽叽喳喳絮叨出这么多术语，毕竟是这颗富有创造性的星球产生了大量的物质，给它们定名字客观上就是需要大量词汇的。

本书篇幅不长，自然不是为了系统地介绍地球科学，也不是地质领域的综合词汇表。美国地球科学研究所（American Geosciences Institute）出版过这样一本书，收录了多达 39 000 个条目，单是矿物名字就有 5000 多个。相反,《地质词典》是一本怪异单词和术语的汇编集——这一点倒不可否认。这些稀奇古怪的词条入选本书的原因是，它们可以引领人们进入更广阔的地质世界，里面有鬼斧神工的地点、奇闻异事、跌宕起伏的行星历史、人们对地质现象的误解、为地球科学作出贡献的各色人物，还有精选的岩石、矿物和地形的非凡故事，这些是每一个“地球生灵”都应该熟悉的。令人遗憾的是，太多生活在地球上的地球人就像低素质的游客——把地球上的许多生活设施当作理所当然的存在而完全不去思考它们是怎么来的，也从来不学习被我们称为“家园”的这个奇妙“大石头”的基本历史、语言和文化知识。

阅读本书，不管你是按照英文单词的字母顺序从“Acasta Gneiss”(阿卡斯塔片麻岩）读到“Zircon”(锆石),还是像河流蜿蜒而行那样，参照附录里的分类条目来跳着阅读，我都希望你能在阅读的过程中对地球的运行原理形成大致的了解，了解它是如何在几十亿年的时间里与生命共同演化的，以及我们对它的理解是如何随着时间而加深的。

欢迎来到地质珍宝阁。

目　录

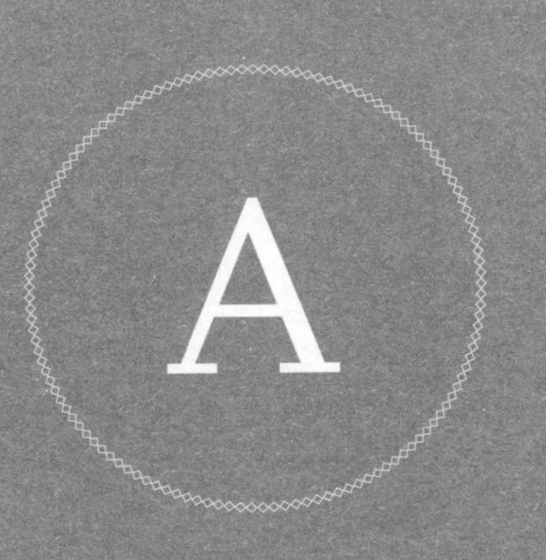

Acasta Gneiss: *The Old World*

阿卡斯塔片麻岩：古老的世界

在加拿大大熊湖东边的西北地区（Northwest Territories），有一片连道路都没有的偏僻区域。那里的大片暗灰色冰蚀岩石显露出白色条纹，向着亚北极区的穹顶昂然而立。在古老的加拿大地盾上，这样从地面支棱出来的岩石随处可见，但在地质学家眼中，这些阿卡斯塔片麻岩可是大名鼎鼎：它们是迄今为止已知的地球上最古老的岩石，

出现时间可追溯到40.3亿年前。这些岩石一直待在人迹罕至的偏僻之处，倒是和它们夸张的年纪挺搭。这么罕见的“老古董”自然不能让你轻松见到。

哪怕对频繁接触“远古时光”的地质学家来说，40亿年的概念也没那么好理解。要理解这个超级夸张的时间跨度，一种方法是把自己想象成一块岩石，用岩石的视角来理解地质学上的“前世今生”。这类似于（和家人一起）看你外曾祖母孩提时代的照片，了解她的生平；之后是你外祖母，再之后有了你妈妈，后来才有了你——到这里还没完，你还得去了解她们所处的时代、每个时代的异同、彼时人们对未来发展的希冀，至此才算告一段落。

阿卡斯塔片麻岩就像我们百来岁的外曾祖母一样，只不过它现在还待在你我身边。古老的阿卡斯塔片麻岩不但记得地球最初的模样，它的特质更造就了地球如今的样子。阿卡斯塔片麻岩出现的时间可比恐龙早太多太多了。事实上，它的出现时间早于陆地上任何的动植物，也早于大气中出现氧气的时间，还有可能比微生物更早——甚至很可能早于地球的板块构造启动时间。虽说现在地球上所有东西的存在都“如磐石一般”真实可见，可是一旦把行星和生物演化的偶然性考虑进来，地球上的一切变化就不是命中注定的了，地球的生命故事也可能与现在的版本大相径庭。

阿卡斯塔片麻岩的年龄与月球上巨大撞击盆地的年龄相同。这些撞击盆地——伽利略认为的月海——是在月球“晚期重轰炸”中形成的：41 亿 ~ 38 亿年前，内太阳系中一连串的大陨石乱撞引发了“轰炸”。阿卡斯塔岩石不仅在陨石轰炸中幸存，而且经历了多期次的变形和重结晶，这些过程把它们从原始状态的花岗质岩石变成了具有斑马纹的变质岩，叫作片麻岩 [gneiss，发音与“nice”（美好的）一样，真是个好名字啊！]。随着板块运动、地壳变形、海平面升降、冰川扩张和收缩，它们也在几十亿年间经历了侵蚀、掩埋、出土再埋藏等种种过程。

尽管阿卡斯塔片麻岩非常古老，但是相对于地球 45.6 亿年的岁数来说，它们还是年轻大约 5.3 亿岁。当然，这仍是一段长得难以估量的时间，其跨度相当于从寒武纪动物出现到人类出现。在阿卡斯塔片麻岩形成之前，其他的“岩石”都发生了性状改变，未能保存至今，它们经过岩浆熔融、陨石撞击以及前板块构造体制下的重熔再造等活动的侵袭，早已面目全非。如今我们只能在位于西澳大利亚的一块古老砂岩中，窥见其痕迹：它们已化为一抔细碎的锆石晶体（一种非常稳定的矿物），藏身于砂岩之中。

顺着这个逻辑推理下去，有人肯定要问了：如果地球形成时期的岩石未能保存至今，那地球的年龄又是如何界定的？还真是问到点子上了！这个界定方法听上去有点自相矛盾：人们是通过“外部来源”得知地球年龄的。所谓“外部来源”指的是太阳系中与地球在同一时间形成，但在地球持续不断地改变地表状态、重塑地质构造的45亿年间始终岿然不动的陨石。

作为地球上现存最古老的杂岩体，阿卡斯塔片麻岩标志着地质年代表中的第一个时期（冥古宙）的结束（地球上“土生土长”的岩石从此才开始在地质历史上留下切实的记录）。也正是从“外曾祖母”阿卡斯塔片麻岩开始，地球上多种多样的活动被详细记录下来，只不过有时候“地球日记”的内容晦涩难懂。地质学家本质上就是这些潦草杂乱的日志的翻译，而《地质词典》本质上只是从“地球日记”中摘录了一些奇奇怪怪的段落，最后编纂成册。

另见词条：人类世（Anthropocene）；球粒陨石（Chondrite）；成冰纪（Cryogenian）；锆石（Zircon）。

Allochthon: *Rocks that roam*

外来岩体：漂浮的岩石

“Allochthon”（外来岩体）的字面意思是“陌生之地”。顾名思义，它指的是一套岩石在构造力的作用下，沿着一个接近水平的断层从其原始位置横向移位。有些时候，这些石块甚至会被推挤到其原来位置几十千米之外的地方。这个术语与希腊神话有关：古希腊神话中的神灵，包括冥王哈迪斯、冥后珀耳塞福涅，以及冥河斯提克斯上的渡神卡戎，都生活在地下的“陌生之地”。

在板块构造理论于20世纪60年代出现之前，人们认为各大陆都扎根在固定位置，而像山脉的形成这类地壳变形活动则完全是由垂直的重力导致的。然而，这很难解释19世纪晚期目光敏锐的地质学家观察到的现象：在阿尔卑斯山、落基山脉和苏格兰高地，地层并不在其形成的原始位置，而是沿着水平方向发生了远距离位移，且这种情况大多出现在断层面的缓坡上方。这个令人困惑的难题就是著名的“逆掩断层悖论”。它激发出很多独具创意的假说——其中大部分都是伪命题。地质学界最终普遍接受了如下观点：在地质历史上，大陆其实是在全球各处游转的，它们相互撞击导致了岩石的水平位移。外来岩体提醒我们，即使是沉积岩，也绝不是固定不动的。

另见词条：地槽（Geosyncline）；飞来峰（Klippe）。

Amethyst: *Purple haze*

紫水晶：紫色疑云

就像地图上的地名一样，矿物的名字也是人们了解早期文化、探查世界的窗口。紫色的半宝石岩石——紫水晶，就是一个晶莹多彩的例子。紫水晶在新纪元运动时期[1]广受水晶崇拜者追捧；其实，它从古至今都相当流

1　新纪元运动，又称“新时代运动”，20 世纪 60 ~ 80 年代流行于西方的一种社会与宗教运动。——译者注（若无特殊说明，本书注释皆为译者所做。）

行。“Amethyst”的名字来自古希腊语“amethustos”，意思是“没有喝醉的”，因为古希腊人相信佩戴紫水晶的人千杯不醉（当然，只要随便做几个实验就能证明这种说法是错误的）。

紫水晶也展现了人们为地球上丰富多样的矿物及其变种命名时遇到的种种科学挑战。矿物的命名系统与有机物俗名和学名并行的命名系统类似，但矿物不仅拥有民间或者习惯沿用的“俗名”，还有用于商业流通的“宝石名”，以及科学研究中所需的“科学名称”。在矿物分类中，人们经常会发现，在上述某个领域中被归类为某一“品种”的矿物，很可能在另外一套命名系统中被归入其他类别。

根据矿物的技术性定义，矿物就是“自然产出的无机物质，具有特定的化学组成和确定的晶体结构”。这个定义由矿物领域规则和秩序的管理机构国际矿物学协会（IMA）颁布，有了它，我们才不必因纠结矿物名称分类而辗转反侧。

国际矿物学协会的定义看似简单，实则暗含了一些复杂而不易察觉的陷阱。第一个陷阱：定义中说矿物必须是“无机的”（植物腐化产生的煤就不符合这个条件），但是大量的矿物生成过程中都有生物参与，这些矿物是活的

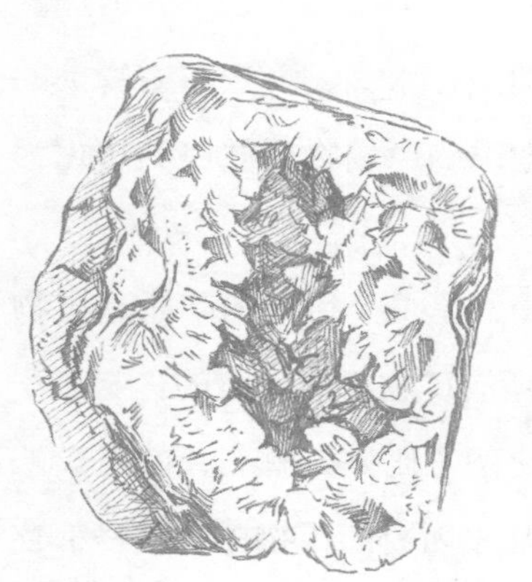

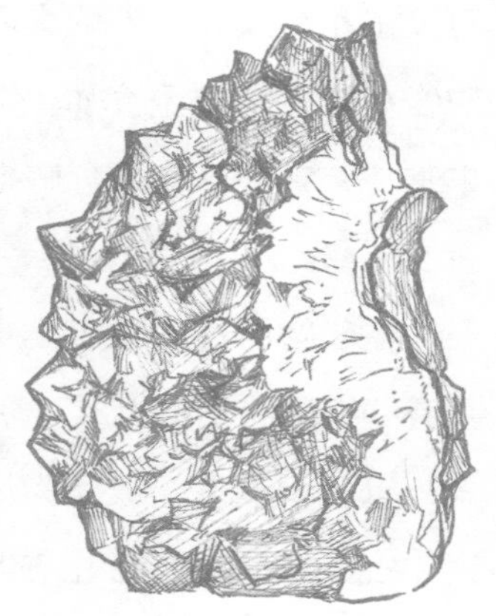

有机物的直接产物或间接产物。比如，石灰岩中的大部分方解石就是微小的海洋有机质沉降的产物（顺便一提，这个过程相当重要，因为它将火山喷发的二氧化碳以固态形式锁住，阻止地球成为一个温室星球）。一般来说，如果进行光合作用的浮游生物和植物不向大气中释放氧气，那么赤铁矿（化学成分为 Fe_2O_3）等许多氧化矿物就不可能存在。

据国际矿物学协会估计，地球上的矿物种类总数超过 5700 个，实际上这一数字是随着时间而增长变化的。在干燥、没有大气的荒凉月球上，只有几百种矿物，那里的火山作用几十亿年前就结束了，如今只有偶尔的陨石撞击和持续而强烈的太阳风辐射。相比之下，地球的矿物多样性反映了介质（地质、水文、大气和生物）的丰富性，它们不停地分解地球的原始物质并将其转化为新的形式。

在矿物的技术性定义中，第二个微妙的陷阱是矿物具有“特定的化学组成”。所有矿物都有官方的化学分子式，以及明确的组成元素比例。比如方解石，就是碳酸钙（$CaCO_3$）。但实际上在几乎所有的矿物中，晶格都存在元素不纯和晶格取代（substitution），比如，在大多数自然形成的方解石中，都有一些镁离子和铁离子占了“本该是”钙离子的“位置”。即使是微量的不纯都可以让矿物的颜色发生显著改变。这种“离子取代”现象在矿物王国中无处不在，它意味着矿物的种类实际上是无限的。因此，为了从根本上避免分类学的混乱，国际矿物学协会为各种矿物确定了清晰的化合物成分区间。

根据这种定义，紫水晶并不算标准的矿物，因此它没有出现在国际矿物学协会规定的矿物名单上。它只是石英（SiO_2）的一个简单变种：微量的铁和其他金属在结晶的时候偷偷占据了硅的位置，通过华丽的紫色彰显了它们的存在。

类似的情况还有：国际矿物学协会不承认海蓝宝石或者祖母绿（两个都是绿柱石的变种），也不承认红宝石和蓝宝石（两个都是刚玉的变种，刚玉是一种非常坚硬的矿物，没有迷人外表的刚玉则被用于制作砂纸）。作为国际矿物学协会的商业对手，美国宝石研究院（GIA）和国际宝石研究院（IGI）也有权对宝石矿物做出法律界定，所以这些五颜六色的珠宝名称也是真实存在的。

谁又能确定哪一个系统更“正确”呢？“绿柱石岛”听上去远不如“翠绿岛”美丽，“刚玉鞋”也没有“水晶鞋”那种魔法世界的味道了，“纯石英”与名字中暗含异域美酒之意的“紫水晶”相比更是相形见绌。

另见词条： 金伯利岩（Kimberlite）；成土作用（Pedogenesis）；缝合线（Stylolite）。

Amygdule: *On the bubble*

杏仁孔：在气泡之上

“Amygdule”一词中包含希腊语词根，它的意思就是

“杏仁”。杏仁孔指的是多孔的火山岩（最典型的是玄武岩，如美国夏威夷和冰岛的黑色熔岩）中被矿物充填的空洞。杏仁孔只是在形状和大小上与杏仁有些许相似，要说它们与杏仁真正的共同点，则在于生成杏仁孔和种植杏树都需要丰沛的地下水。此外，生成杏仁孔还需要极高的初始温度。

火山熔岩是一个复杂的三相混合物，包括液态的岩浆、固态的晶体和气态的气体（主要由水蒸气、二氧化碳和二氧化硫组成）。当喷发出的熔岩溅落到地面上时，带

出的气体向上逸出，导致固结的熔岩流顶部出现泡沫状结构，活像杯子里啤酒顶部泡沫的石化版。这些石质泡沫中的单个小孔叫作“气泡”（vesicle）。随后，当地下水（一般来说，总有化学元素溶于其中）流经这些气泡时，水中溶解的矿物质会渐渐沉淀并填充这些气泡，形成新的矿物和多种颜色的杏仁孔。

北美洲苏必利尔湖北岸著名的玛瑙具有同心圆状的红色、棕色、金黄色和白色条带，它们就是以这种方式形成的杏仁体。它们多色的条带如同可视化档案，记录了远古地下水所含的化学物质。从外观上看，这些条带则更像是老杏树的年轮，而不是单季的一枚果实。

另见词条：硫黄（Bulphur）；斑岩（Porphyry）；火山发光云（Nuée Ardente）。

Anthropocene: *It's about time*

人类世：是时候了！

秒、天或年这样的时间单位，度量标准规范、定义精确；而地质学的时间单位，如期、世、纪、代和宙，其长度是不确定的。这是因为地质年代表中的大致时间划分是古生物学家在 19 世纪中期定下来的，比发现可确定岩石绝对年龄的放射性衰变早了几十年。

这些时间单位表示得笼统模糊，但绝不是随意定的。它们标记了地球历史上重大章节的开始和结束，即行星演化中的主要转折点，比如：大气中氧气浓度的上升，动物生命的出现，严重程度不同的生物大灭绝等。在 21 世纪，许多地球科学家认为地球上出现人类活动的时刻，也代表着一个转折点。

尽管人类世还不是地质年代表中的官方划分单元，但是它作为一个新的世已经获得了业内人士和民间的关注。自人类世起，人类已经成为引发地球多种变化的动因。针对人类世的争论自然也非常激烈，其中揭露了一些令人警醒的事实：目前人类每年排放的二氧化碳量比地球上所有火山的排放量多 50 倍；我们移动的沉积物比世界所有河流搬运的沉积物多了一个数量级。我们导致地球上至少 70% 的无冰陆地表面发生改变；我们还在地球上制造了大范围的海洋死区[1]，给整个海洋生物圈带来威胁。

但是，也有人对人类世做了更加客观公正的批判性分析，并指出了一个无法忽视的事实：并不是所有人类都该为地球现有的环境损害承担同等责任；人类世期间的环境恶化绝大部分是富裕发达国家和工业化造成的，现在凭什么要所有人类来共同承担恶果？

如何准确地定位人类世的开始节点则是个学术问题。正是在这一时刻，地质学告别懵懂无知的过去，这是地质学跨入新世界、勇敢探索全新宇宙星系规则的转折点。地质时代中的其他时间节点都在岩石中留下了物理表征，其中最为人熟知的就是恐龙时代结束的节点：当时陨石撞击地球，于是世界范围内的岩石都有了铱层。这一时间点也标志着中生代的结束和新生代的开始。那么，我们该将哪个“地层”作为人类世的开始？也许是格陵兰和南极冰盖中因为人类傲慢无知地引爆原子弹而被记录下来的“原子分裂层”？可惜，这些冰盖不一定能带着记录撑到最后，因为一些人对气候变化漠不关心——这就是人类世的特征。

1 海洋死区，因海水严重富营养化而导致鱼类等海洋生物无法生存的区域。

尽管目前“人类世”还没有一个正式的科学定义，但它至少能给很少思考地球悠久历史的地球人提个醒，让人意识到自己也是地质时代中的一份子。大范围、综合性的全球科学计划深时（Deep Time）校正是人类智力成果中最伟大却鲜少被提及的一项。我每次讲授“地球与生命演化史”这门地球科学专业课程，梳理约45亿年的地质年代记录时，都会再次赞叹人类竟已如此详细地再现了地球的辉煌故事。（所以，当我可爱的同事们抱怨他们在一个学期之内不可能讲完文艺复兴艺术或者17世纪俄罗斯历史时，我很难对他们表示同情或赞同。）

作为一种人类的创造，地质年代表本身也随时间而变化，它是一个丰富而怪异的文化产物。划分时代用的时间术语，常常是以各个地质年代的代表性岩石第一次被发现并系统性描述的地点来命名的。例如，“寒武纪”（Cambrain Period）凭借威尔士板岩（Cambria是威尔士语Cymru的罗马变体）而得名；“泥盆纪”（Devonian Period）中的“Devonian”最初特指德文郡地区橘子酱色的砂岩，奢华的奶油茶是当地另一特色。

我们现在所处的第四纪是18世纪地质年代表的遗留概念。在那版年代表中，地质岩石分类只有简单的编号：

第一纪、第二纪、第三纪和第四纪。管辖深时的权威机构国际地层委员会（ISC）最终在2013年废除了第三纪，转而采用两个更短的纪——古近纪和新近纪；而“第四纪”虽然是一个错误的概念，但因为其历史性的浪漫与魅力，至今依然被人们挂在嘴边。第四纪可进一步划分为更新世（意思是“差不多算是‘最近’”，即冰期）和全新世（意思是“完全意义上的‘最近’”，即过去1万年或者全部人类历史）。而现在，“不光彩”的人类世可能也会加入这个清单。

也许真正的问题不是人类世从什么时候开始，而是它

（注意！）

什么时候结束。一个有用的时间文化单位是“世代”，大体上指的是从一个大事件的开始到结束，如一场战争或者一场流行病从开始直到最后一个亲历者死亡为止。人类世已经持续了一个世代，现在活着的人里，没有一个人记得人类深刻改变地球之前的世界。这里有两个办法来终止人类世：一个是我们成为更好的地球人，融入地球背景，不再破坏地球上的任何生物地质化学循环；二是我们走向灭绝。在后一种情况下，人类世将持续一个地质世代：这个时间将让地球忘记我们曾经存在。

另见词条：不整合面（Unconformity）；均变论（Uniformitarianism）。

Areology: *Wars of the Worlds*

火星学：世界大战

“火星学”（Areology）是一个相当笨拙的术语，指研究火星的地质学，是现代人对古希腊神话中的战神阿瑞斯（Ares，对应罗马神话中的 Mars）的致敬。因为“地质学”

（geology）的字面意思是“地球的科学”，因此直接把这个术语套用于其他行星或卫星未免有些牵强。月球研究有时候叫作“月球学”（Selenology），这个词来自希腊神话中的月亮女神塞勒涅（Selene）。在 20 世纪 60 年代末阿波罗载人登月任务期间，这个术语曾风靡一时；这也许是因为美国国家航空航天局（NASA）的公关团队觉得，与月球研究相关的另一个拼接单词“Lunology”（“luna”月亮的 + “-ology”学科）发音听起来太像“lunacy”(“精神病”的蔑称）了。目前，在另外两个岩质行星或类地行星金星和水星的研究中，还没有人创造类似的“专业术语”；太阳系外层的气态巨行星及其岩质卫星的研究中也没有这样的“术语”。

尽管地球和火星（以及其他行星）都是在大约 45 亿年前太阳系形成过程中起源的，但是基于地球的地质年代表并不适用于火星，也无法描述火星编年史。我们研究火星时，使用根据地球确定的时间划分方式，比如“中生代”（中间的生命出现的时代），就并不合适了。首先，火星岩石和地貌记载的地质“活动”大多发生在地球的冥古宙（45 亿 ~ 40 亿年前）时期，由于地球上没有经历过这一时间段的岩石留存下来，所以地质年代表也没有对该时间段进行划分。到了地球的太古宙（40 亿 ~ 25 亿年前）末期，即地球的婴儿期和儿童期，火星上的活动开始放慢速度。它的磁场停止运转，日渐式微的火山作用产生的气体，再也跟不上大气层中气体往太空飘散的速度。大约在地球开始建立板块构造系统的时候，寒冷的火星已经陷入沉睡。

火星年代表的顺序大概是这样的：前诺亚纪（45 亿 ~ 41 亿年前），诺亚纪（41 亿 ~ 37 亿年前），赫斯伯利亚纪（37 亿 ~ 29 亿年前）和亚马逊纪（29 亿年前至今）。或许你会想："诺亚纪是不是与诺亚方舟有关？"这确实是个好问题。对于地球来说，鉴于在过去的两个世纪里地质学家一直在奋力抵抗宗教狂热分子和教条派，将某个地质时间纪的名称定为"诺亚"可以说是一种科学禁忌。实际上，"诺亚"指的是火星南半球的一个古老地区——诺亚高原，这也许是因为它让早期天文观测者联想到了亚拉拉特山[1]。另外，火星上确实有早期出现过洪灾的证据，也许当时发生的是冰湖溃决洪水，这与冰川冰或者

1 根据《创世纪》的记载，在大洪水过后，诺亚方舟最后停泊的地方就是亚拉拉特山。

冻土的突然融化有关系。鉴于《圣经》没有提及火星上发生过洪水，用宗教神话故事中的元素给一个以传统神祇命名的星球上的东西取名字，倒也是可以接受的。

另见词条：阿卡斯塔片麻岩（Acasta Gneiss）；冰湖溃决洪水(Jökulhlaup)；均变论（Uniformitarianism）。

B

B

Benioff Zone: *Off the deep end*

贝尼奥夫带：冲出深渊，拨云见日

对地质学家来说，一个比较尴尬的事实是：热力学定律早在19世纪就被破解了；20世纪早期，人们就掌握了原子结构；但一直到1965年，我们才弄清楚板块构造和脚下固体地球的运转方式！

甚至到了20世纪80年代初，我已经读大学了，全世界很多地球科学专业的教师当年上学的时候，学习的还是板块构造理论之前的老一套（当然现在已被弃之如敝履），比如错误的山脉成因。此外，他们也没有学过全球地震和火山的分布与成因。

1915年前后，阿尔弗雷德·魏格纳（Alfred Wegener）发表了大陆漂移假说，并给出了强有力的证据。这些证据没有受到重视，对此，地质学家显然要负一定的责任。魏格纳在讲英语的地质学家群体中不受欢迎，原因是当时正值第一次世界大战，而魏格纳是个德国人。此外，对地质学领域的研究者来说，他不过是一个指手画脚的外行（气象学家）。有限的地球物理信息也阻碍了人们更早地了解固体地球的运行模式。那时候没有深海的等深图和地磁

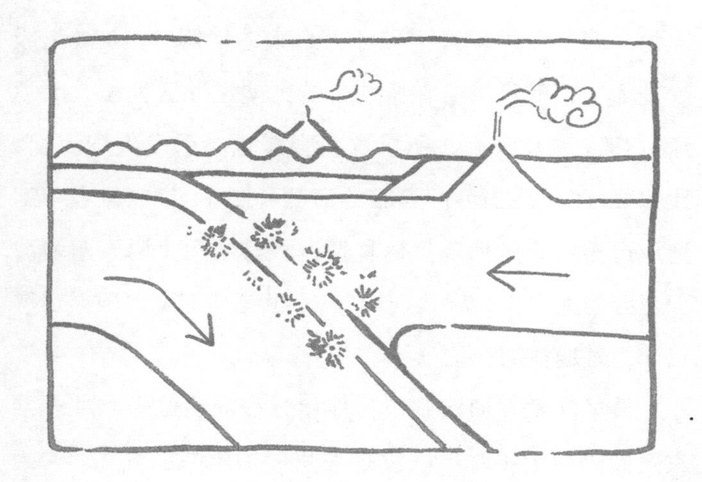

图，人们无法记录海底扩张的基础过程；当时也没有详尽的全球地震位置数据库，所以人们看不出明显的板块构造边界。

更何况，地震数据库对于发现地球最典型的构造过程——“俯冲作用”是必不可少的。在俯冲作用中，一块古老洋壳变得比它在海底成型为脊时更冷、密度更高，然后再次循环进入地幔。地幔有 2900 千米厚，约占地球体积的 82%，是地球不断流动的固态中间圈层。

但是，海底板片不会温柔地走进那黑暗的地球内部。下沉板块的上部边缘与上覆地壳的下部表面之间的摩擦阻力，会导致地球产生破坏力最大的地震——9 级超级大地震，也就是发生在俯冲带的大型逆冲区地震。因为这种情况涉及洋壳，所以这些强震也会引发大型海啸，比如 2004 年袭击苏门答腊的海啸和 2011 年在日本中部造成严重灾害的海啸。这种情况极其罕见（谢天谢地），但也因为太罕见，导致人们在 20 世纪初期难以根据它得出一个普遍性的结论。

最早注意并侦测到俯冲作用过程的两位先驱地震学家之间隔着太平洋：一位是加州理工学院的维克多·胡戈·贝尼奥夫（Victor Hugo Benioff，1899—1968），另一位是日本气象厅的和达清夫（1902—1995）。贝尼奥夫与和达清夫都非常善于解读隐藏在地震波图中的信息。他们分别发现，有证据显示，地球上某几次地震的发生位置非常深。

大多数地震出现在地下 16 千米以上的位置，这个深度的岩石相当硬，而且比较脆，会在断裂作用下突然破裂。但贝尼奥夫与和达清夫发现，有些地震会出现在同一个平面上，少数甚至出现在 640 千米深的位置，这个深度都进入地球的上地幔了——那里的温度太高，难以形成断裂和滑动摩擦。因此，两位地震学家推断，在这些位置必定存在异常冷和（或）坚硬的岩石薄板。直到 20 世纪 60 年代末，才有人将他们的发现与其他地球物理现象结合到一起，形成了现代的板块构造理论。为了纪念他们富有远见卓识的工作，这种“俯冲带”被称作“贝尼奥夫带”（或者和达–贝尼奥夫带）。

就在人们发现其研究的重大意义前不久，贝尼奥夫去世了；所幸长寿的和达清夫享受到了人们对他革命性发现的赞誉。他们的事迹一直激励着富有洞察力的人们去探索真相，并在真相为人瞩目之前早早将它们识别出来。

另见词条：球粒陨石（Chondrite）；德博拉数（Deborah Number）；榴辉岩（Eclogite）；地槽（Geosyncline）；糜棱岩（Mylonite）；蛇绿岩（Ophiolite）。

Bioturbation: *The worm churns*

生物扰动：蠕虫搅动

“Bioturbation”（生物扰动）是一个合成词，由单词“biological”（生物学的）和“perturbation”（扰动）拼合

而成，意思是海底的有机生物，如蠕虫、蜗牛和小型节肢动物等对沉积物的搅动。"ichnology"（足迹化石学）一词源自希腊语，是"轨迹"或"痕迹"的意思。足迹化石学是古生物学的一个完整分支学科，主要研究生物洞穴、生物痕迹和古生物的觅食、足迹以及挖掘出土的其他信息。[不要将足迹化石学与鱼类学（ichthyology）混淆，鱼类学是研究鱼的，包括活的鱼和鱼类化石——此时你脑海里可能已经浮现出一条拖着尾巴在水底活动的鱼，它的活动区域正是这两种专业交汇之处。]

即使没有5.25亿年前寒武纪生物大爆发时的生物化石留存下来，人们也可以从当时的地质景观（海洋沉积岩的物理特征）中看出，那时候已经出现了一些新生物。在更早之前沉积的岩石中，浅水沉积物通常保存着微细的、毫米尺度的纹层，有时候甚至会留下高保真的每日潮汐循环记录。在更年轻的海洋岩石中，这些沉积层不再处于整齐有序且原始的状态，它们就像被犁过的土地，被翻腾得乱七八糟；也很像举办狂野派对之后乱糟糟的房间。

在寒武纪首次出现的挖掘者也把长期统治地球的第一个复杂生态系统——叠层石送到了终点，自太古宙早期就在滨海浅水地带繁衍生息的微生物至此已经延续了几十亿年。在主导生物圈 30 亿年之后，叠层石在寒武纪急剧衰减，自此成为掠食性无脊椎动物的开胃小菜。从那时起，这些无脊椎动物便作为生物扰动“狂欢达人”存续至今。

另见词条：成冰纪（Cryogenian）、埃迪卡拉动物群（Ediacara Fauna）、埋藏学（Taphonomy）。

Boudin: *Secrets of sausage making*

石香肠（布丁）：香肠制作的秘密

野外地质学家总是饥肠辘辘，因此，尽管岩石不能吃，但他们还是用一些食物给岩石的特征命名就不足为奇了。其中一个例子是石香肠构造（或叫布丁构造）。“Boudin”一词源自法语（以及卡真语），指的是一种香肠，地质学家拿它来描述山脉地带内部岩石变形形成的一种特殊构造。“石香肠”构造指的是某个曾经连续的岩石层受到拉伸，局部变薄，变成不连续的、裂开的菱形块，类似被揪成一截截的橡皮泥。在岩层断开的时候，石香肠构造总是大量出现，形成完整的链状块体，中间块状的部分由高度变形的岩石构成，从整体上看，就像一串用绳子串起来的香肠。

尽管石香肠构造充分反映了结构的显著变形程度，但它只在相对强韧的能干层[1]中形成，被更软弱的、延展性更好的软弱层[2]夹在中间，就像三明治一样。软弱层响应外力时，只会简单地渗出或流动。石香肠构造的横截面形状由能干层和软弱层岩石强度的对比所控制，如果强度差异较小，单个的石香肠构造就呈逐渐变窄的小扁豆形状；如果强度差异巨大，石香肠构造就是大块的桶状或砖形。

1 能干层，指的是黏性或刚性和屈服强度高于相邻层的岩层，具有屈服强度大、抗剪强度高和破裂愈合能力强的特点。

2 软弱层，指的是岩体中性质软弱、有一定厚度的软弱结构。

在极端变形情况下，石香肠构造之间可以完全拆离，并“漂浮”在周围软弱岩层组成的基质之中，产生令人费解的几何形状。它们等待着地质学家提出富有创造性的构想。

我回想起在美国纽约州东北部阿迪朗达克山脉的一次野外旅行。我在一块露出地表的岩石处停下，那里有一块漂亮的白色大理岩——这是一种形成于海底的石灰岩变质而成的岩石，其中还散落着烤面包机大小的黑色玄武岩块（一种火成岩）。我第一眼看过去的时候，认为这种景象简直荒诞：一块出自安静海洋环境的沉积岩，是如何吞入大块岩浆岩的？更何况这些岩浆岩的形状奇特，块头还很大。通常来说，情况应当相反才对：当岩浆上升并通过地壳时，它们会将部分围岩[1]一起带上来。

在片刻的思考和假设推理之后，我们的团队恍然大悟：玄武岩是沿着破裂处，顺着岩脉或者平面侵入石灰岩的。随后，当形成阿迪朗达克山脉的造山事件发生时，石灰岩变质形成大理岩，坚硬的板状玄武岩裂开，形成

1　围岩，又叫主岩、容矿岩，指的是某些地壳物质周围的岩石，比如矿体周围的岩石和岩体周围的岩石都称为围岩。

块状的石香肠构造，而更软的大理岩则渗流到它们之间的空间里。

经过一番颇费精力的推断，我们还真饿了。

另见词条：角砾岩（Breccia）；糜棱岩（Mylonite）；捕虏体（Xenolith）。

Breccia: *You're breaking up*

角砾岩：掰了！

“Breccia”是意大利语“破裂”的意思。在地质学中，这个术语用于描述一种由有棱角的碎片组成的岩石。具有这种结构的岩石可以通过多种不同的方式形成。

一块角砾岩可能是“沉积角砾岩”，由于被侵蚀的岩石块体被搬运的距离不够远，所以还没有被磨圆；也可能是“构造角砾岩”，在一条断裂带中经过剪切和碾磨而成；还可能是石灰岩中比较常见的“塌陷角砾岩”，具有溶蚀洞穴或其他喀斯特特征。

最突然的生成方式应该是猛烈的陨石撞击导致的突

然碎裂，通过这种方式形成的角砾岩称为“撞击角砾岩”。撞击角砾岩还可以进一步细分：第一种是降落后退型（fall-back）角砾岩，从撞击地点溅射出去的物质像下雨一样落回陨石坑而形成；第二种是原地角砾岩，它记录了被撞击的岩石经历的极端压缩和快速解压。阿波罗计划的宇航员从月球带回的大多数岩石都是撞击角砾岩。至于地球上的角砾岩，一些“诊断”信息，比如岩石的背景、矿物学特征和碎屑尺寸的范围等，都可以帮助地质学家来判断导致它们破裂的“创伤”是什么性质的。

“角砾岩”这个术语也突显了地质学命名的难题：单纯的描述性命名与根据推测的成因命名到底孰优孰劣？长久以来，这两种命名方式都是对立的。描述性的名字，比如“角砾岩”，可能描述得相当笼统，但更有可能流传下去，因为以成因命名的术语很可能会随着对成因理解的变化而过时。

但如果你发现一块岩石，主要由碎片和碎屑组成，知道该如何对它打招呼了吧？

你这个角砾岩！[1]

---

1 “Breccia”与英语中很多以 B 开头的粗话、脏话发音接近。此处作者取其谐音，在英语原文中，“你这个角砾岩”听起来就像“你这个混蛋”。

另见词条：喀斯特（Karst）；糜棱岩（Mylonite）；假玄武玻璃（Pseudotachylyte）；扭梳纹（Twist Hackle）。

Bulphur: *Volcanic theology*

硫黄：火山神学

尽管硫黄隐喻着永恒的诅咒等令人不快的场景[1]，但它实际上是一个物理实体，也就是元素硫的晶体形式。它的生成环境臭不可闻，一般都是在喷涌着二氧化硫的岩浆通道，这样的通道被称为“硫质喷气孔”。在一阵特别刺鼻的臭气过后，硫黄晶体便在火山区形成了。意大利南部那不勒斯附近的维苏威山就是著名的火山区。

硫黄晶体既不是变质岩，也不能归入另两个主要的岩石类型——火成岩（岩浆冷却而来）和沉积岩（水、风或冰搬运而来）。相反，它是一种凝华物，即由气态的

1　在《圣经》中，硫黄常与地狱、“世纪之战”等联系在一起。在原文中，此处的“metaphoric”（具有隐喻意味的）与“metamorphic”（变质岩的）写法相似，作者特别说明：“不要将这两个单词混淆，这里说的可不是变质岩。”

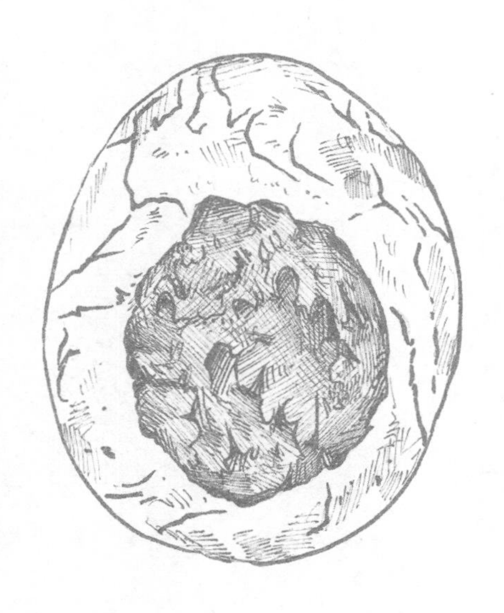

蒸汽直接结晶变成固体物质。尽管如此，臭鸡蛋气味及令人联想起神灵之怒的特质，使硫黄很难被当成凝华而成的高妙之物。

另见词条： 杏仁孔（Amygdule）；露西泥火山（Lusi）。

C

Chondrite: *Recipe for a small planet*

球粒陨石：小行星的制备秘方

球粒陨石，是太阳系形成所需原材料的标本。在人们所有已发现的陨石中，约 85% 是球粒陨石。“Chondrite”一词来自希腊语词根，意思是“颗粒”。它指的是一种独特的、沙粒大小的圆形颗粒，即“球粒”（chondrule）。这种球粒赋予了球粒陨石颗粒状的、看起来如同沉积物的结构。但球粒陨石可不是一般的沉积物。比地球和其他岩质行星都老的“球粒”代表着岩石和金属物质的小滴（droplet），它们是由气体云和尘埃云构成的太阳星云在中心积累了足够的质量并让太阳（恒星）燃烧起来后迅速在高温下浓缩而成的。

通过重力吸引，这些固化后的小滴开始相互联结，积聚成更大的个体。最大的个体具有足够的热能熔化，分异成金属的核和硅酸盐的幔，然后变成岩质行星。铁陨石和非球粒的石质陨石则分别是“时运不济”的早期小行星的核和幔，这些小行星已经分异，但在与轨道上的其他物体相遇时被撞碎了。与此相反，球粒陨石来自更小的星子，从来没有发生分异，因此它仍保持着原始太阳星云物质的

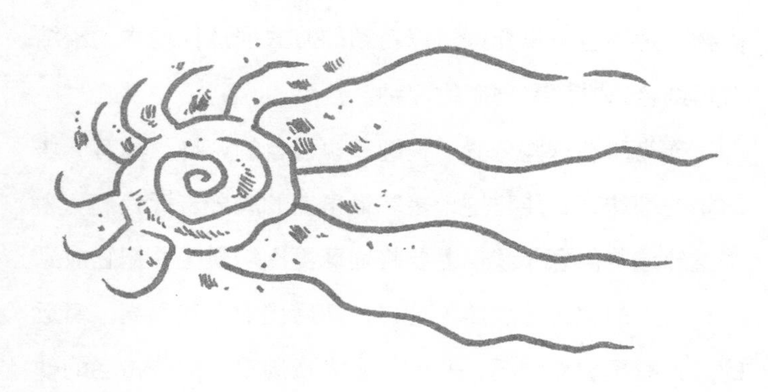

均一化模样。

正因如此，球粒陨石或具有球粒组分的物质，是地球和其他岩质行星及其卫星的宇宙祖先。它们保留了这些天体刚开始形成时的记忆，而其他岩石（特别是地球上的）早已将其遗忘了。球粒陨石的分异过程持续了 45 亿年，产生了各种各样的岩石，它们的化学组成与球粒陨石也相去甚远。

地壳是地幔部分熔融而成的，这种熔融过程仅用一个步骤就可以生成玄武质洋壳，但需要多次迭代才能产生花岗岩质的陆壳，而花岗岩是地球独一无二的特征。从一开始，水（可能大部分来自彗星）就与两种类型的地壳相互作用，创造出球粒陨石“祖先”中从来没出现过的岩石和矿物。生物也早早介入，以新颖的方式创造性地将元素结合再结合，产生其他矿物变种。

作为所有这些分异、提纯和再混合的产物，没有一块原始的地球岩石能将这个星球最早期的成分告诉我们。为了重建这些信息，我们需要将地球再次均质化，把它放到一种巨大的食物处理器中搅拌，然后提取一些糨糊。幸运的是，有了球粒陨石，我们不必大费周章。这些古老的使者（球粒陨石）拥有令人震惊的绵长记忆，偶尔会从天而降，详细地回忆起制作地球的食谱。

另见词条：阿卡斯塔片麻岩（Acasta Gneiss）；花岗岩化（Granitization）；金伯利岩（Kimberlite）。

Cryogenian: *Many are cold but few are frozen*
成冰纪：很冷但是几乎冻不上

在北欧神话中，生命起源于冰。冰霜巨人尤弥尔（Ymir）的奶牛喜欢舔食含盐的雾凇状岩石。有一天，它把勃利（Buri）舔出来了，这就是北欧神话中亚萨神族

（Aesir）的祖先。尤弥尔代表着自然界的野性力量，后来被更加成熟老辣的众神所杀，但是他没有屈服，他的血变成了海洋，他的骨头和牙齿变成了石头。

无论何时，我听到“成冰纪”（Cryogenian）这个术语，都会想起这段奇诡而暴力的神话。“Cryogenian”一词来自希腊语，意思是“从冰中诞生”。成冰纪是地质年代表中一个正式的“纪”级划分单元，在前寒武纪的新元古代，大约 8.5 亿 ~ 6.35 亿年前；它还有一个更为大众所

熟悉的叫法——“雪球地球”。当时，气候发生极端变化，甚至改变了地球上生命演化的进程，因此我们在这里多花点篇幅来介绍它。

早在19世纪80年代，人们在苏格兰和挪威就发现了刚好在宏体动物出现之前记录了一个古老冰期的岩石。不过，由于这些地点的纬度都比较高，人们根本不需要提出气候大变的假说，就能知道这些岩石是由冰川冲刷而来的。而世界上其他地方又没有这个时期的记录，这种记录缺失的情况与美国大峡谷地区名为大不整合面的侵蚀间断颇为相似。

但是从20世纪60年代开始，地质学家逐渐意识到，新元古代发生了一些不同寻常的事件。地球上新元古代地层出露的每个地方都是冰碛岩，这类岩石不同于一般岩石，是由小到细粒黏土、大到砾石的各种物质组成的。组成这些岩石的细颗粒不可能是流水沉积而成的，因为水流速度会使沉积物按照颗粒大小顺序沉积。相反，冰碛岩上带有冰川刻下的明显特征，即微粒尘土和庞大的漂砾同时存在，且留有标志性的混杂沉积物。新元古代冰碛岩在全球的分布情况也暗示着，地球上曾出现过一个不同寻常的大型冰期，彼时的气候变化远比最近（结束于1万年前）

的更新世冰期更极端。

20世纪60年代中期的板块构造革命给人们带来了新的认识：就全球范围来看，岩石，特别是几亿年前的岩石，可能已经从其形成位置发生了远距离的位移。通过岩石的磁性矿物来确定岩石古纬度的新方法也发展于这个时期。这些新的研究手段证实，一些新元古代的冰川沉积实际上原本位于现在的热带地区，甚至是赤道地区。尽管地球从北极到南极都冰冻起来的想法与地质学家本能的均变论思维相冲突，但人们还是更清楚地认识到：在前寒武纪末期，地球的“恒温器”因为某些原因失控了。

地质学家继续研究这个漫长的寒冷期——雪球地球的岩石记录，随即对这个时期的前因后果有了进一步的了解。“深冻”很可能是地球大陆的异常聚集导致的，也就是罗迪尼亚超大陆（俄语“祖国”之意）几乎完全分布于低纬度地区。一个普遍性的全球变冷时期可能自那时起就已经开始了，随后在极地附近，不断扩大的海冰面积可能导致更多的太阳辐射被反射回太空。同时，还出现了另一个强力制冷因素：地球从大气层中去除火山二氧化碳的重要机制可能是以“前冰期”的速率（preice age rate）进行的，也就是说，大陆岩石被含有二氧化碳的雨水侵蚀风化了。

在一个正常的冰期，当高纬度大陆地区开始被冰川覆盖的时候，这个自然的固碳过程就会变慢。但是在新元古代，地球的大部分陆地集中在赤道，大陆岩石的风化作用尚未变弱，这就使海冰以及随后出现的陆地冰帽得以扩张，直到全世界都变成一个白茫茫的反光的雪球，不能再温暖它自己了。大多数地质学家都同意，这可能是地球经历过的最极端的气候事件，但我们还需要继续论证：整个地球是否在很长一段时间里都被冰冻住了？换言之，地球是一个硬雪球，还是更像一个巨大的、被融雪覆盖的星球？

在地球历史的这个节点，微生物已经存续将近 30 亿年了，尽管有机生物个头很小，但它们的生存策略是多种多样的。光合作用就是它们由来已久的习惯之一；还有一些微生物在火山通道处通过化学反应获得能量；它们还可以从其他有机生物的废料中获得能量。在所有这些古老的代谢行为当中，最突出的便是需要阳光的光合作用，它至今仍然被许多有机生物采用。这揭示出在雪球地球时期，许许多多的生命形式其实都以某种方式幸存下来；这也进一步说明，至少某些海洋区域保持了足够的开放空间允许光合作用继续，这些地方也许就是获得上升流、一直无法结冰的冰间湖。

最终，可能是因为火山喷发的二氧化碳在大气层中积累得足够多了，地球打破了冰期状态。尽管地球的生物圈没有被雪球地球漫长的极寒彻底打败，但无疑它被深刻地改变了。位于冰期最后阶段沉积物之上的岩石包含宏体生物，即令人费解的埃迪卡拉动物群（“Ediaeara”，来自澳大利亚的原住民语言，意思是“泉水孔”），其数量级远超雪球地球之前的任何岩石记录。就在这些“先锋”现身后不久，所有现代动物的祖先就在大家更熟知的“寒武纪生命大爆发”中出现了。

另一个引发激烈争论的议题是：为什么在雪球地球结束后，世界迎来了生物更加富有活力与变化的时期？随着冰川融化，海平面急剧上升，被阳光照耀的广阔大陆架形成了一个理想的生命栖息繁衍之地。有机生物再次填满这些肥沃的生态位，获得了前所未有的自由来进行生命的实验。漫长冰期的结束也导致海洋化学成分发生了根本的变化：有充分的证据表明，彼时海洋的含氧量骤增，这几乎相当于直接催化了生物的进化创新。冰川造成的岩石磨损和侵蚀不仅对大不整合面的形成有一定的贡献，而且将磷输入了海洋，催化了生物生产力的繁荣。

1990 年，国际地层委员会，一个负责管理地质年代表并缓慢、严谨地对其进行更新的组织，正式采用术语“成冰纪”来代表新元古代的雪球地球阶段（“雪球地球纪”听起来显然不够严肃）。从寒武纪持续到现在的显生宙（意思是“可见生命”的时期）自 19 世纪晚期就被划分为“纪”和更短的时间间隔，而占地球历史九分之八的前寒武纪却缺乏正式的命名划分，这种情况直到最近才改变。对维多利亚时代的地质学家来说，贫化石的前寒武纪岩石大多是难以解读的。但是长达 150 年的地质填图和地质分析，再加上强有力的新定年技术，特别是锆石铀 — 铅定年法，已能够将地球前 40 亿年的事件按照年代顺序详细地重现出来。因此，国际地层委员会最终对以前只有同位素年龄的广阔时间范围——元古代和太古代进行了命名。

在地质年代表中，还有另外两个用岩石类型命名的地质时间单元，它们也是这些时间单元中最具特色的。一个是晚古生代的石炭纪，其名称来自该时期的大范围煤炭沉积，当时世界上第一片大森林已经扎根了。另一个是白垩纪，这个名字出自拉丁语的“粉笔”（又称为白垩），指的是那时候无处不在的白色石灰岩层。这些石灰岩层是在一个海平面异常升高的温室环境中沉积而来的。“成冰纪”这个名字也满足了国际地层委员会的一贯偏好，即押头韵且契合时间单元的特点，并与其他已被广泛接受的地质历史单元名称相统一。

成冰纪以及世界如何摆脱冰雪控制与北欧神话中的尤弥尔和他的牛也有奇怪的相似之处。地质学家愈发将成冰纪看作地球演化的关键时期，该事件直接影响了现代生物圈。一个漫长无尽的冬天被冰霜巨人统治着，到处都是冰川冲刷而成的雾凇状石头，最后冰天雪地崩塌、海洋扩张，一个宽敞的世界出现，新物种孕育而生。

另见词条：埃迪卡拉动物群（Ediacara Fauna）；冰间湖（Polynya）；不整合面（Unconformity）；锆石（Zircon）。

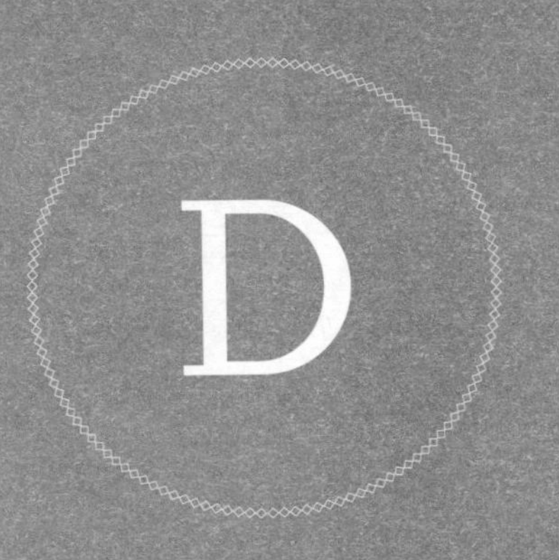
D

Darcy's Law: *A truth universally acknowledged*

达西定律：举世公认的真理

D

对简·奥斯汀的忠实读者来说，达西先生只有一个：在《傲慢与偏见》中与伊丽莎白·班纳特喜结连理的那个风度翩翩、性情冷淡的典型英国绅士。但在地质学宇宙里，还有一个著名的达西先生，他与简·奥斯汀笔下虚构的主人公几乎处于同一时代，但身在英吉利海峡对岸。亨利·菲利贝尔·加斯帕德·达西（Henri Philibert Gaspard Darcy，1803—1858）是一位法国土木工程师，他奠定了现代地下水研究的基础。水文地质学中的基本量——渗透率的单位“达西”以他的姓氏命名，可谓实至名归。

达西的伟大成就是为法国城市第戎设计了一套高效的公共供水系统。第戎当时面临着用水危机，城市的水井出水量无法满足居民的用水需求。达西的巧妙设计将城市外的泉水通过管网和沙子过滤器输送进来，输送过程完全靠重力供能而不需要水泵。为了更好地调节流速，他设计了系统的度量模式，并且第一次用方程式来定量描述地下水通过沉积物和岩石的运动，这就是现在大家所熟知的达西定律。

简单来讲，这个方程式说明地下水流经一个由沙和其他物质组成的特定横截面区域时，其流动速度受到两个因素的影响。第一个是驱动力：流体压力梯度，或者随距离而变化的压力。固执的伊丽莎白·班纳特不顾大雨、坚持要走路去看望生病的姐姐。她说："只要有心（中的力量），那点儿距离不算远。"这句话也可以用来描述达西定律的部分内容。

影响地下水流速的第二个因素是介质的渗透性，即水流经该介质的难易程度。它可以用单位达西来量化。尽管伊丽莎白急切地想看到姐姐，但是泥泞的田地使她的行动比预期慢得多。她高估了泥土输水的能力和步行者身上泥水的“渗透性”（不仅泥地积水，身上也淋湿了），这让她寸步难行。

有趣的是，达西定律与热传导的傅里叶定律、电流的欧姆定律等其他流动定律的基本形式是一样的：流动速度（热流或电流）等于一个位势梯度（温差或电压）乘以一个表示该物质传输实体效率的常数（热导率或电导率）。

渗透率，类似于其他定律中的传导率，在地质材料中的数量级变化幅度很大。沙，是达西最初使用的介质，其渗透率约是 1 达西；粗糙的砾石孔隙更大，其渗透能力是沙的 1 万倍。在另一个极端，根据测量，黏土或致密结晶的火成岩渗透率只能用毫达西（千分之一达西）或微达西（百万分之一达西）来描述。此外，即使在一块特定的岩石或沉积物中，不同方向上的渗透率也大有不同，比如，平行于层面方向上的渗透率比垂直于层面方向上的更大。要注意的是，达西定律只能用于地下水通过有孔介质的渗透，不能用于通过大的孔洞或喀斯特地区洞穿通道的湍流，在这些情况下，正常的水文地质学规则并不适用。

在更早的时候，渗透、泉和自流喷泉等地下水现象通常被视为魔法或者超自然现象。即使在今天，神秘元素在关于地下水的认识中依然占据着一席之地；江湖探矿师、“水巫”和“探矿杖”在当今的数字时代竟也活了下来。达西是深入浅出地解释隐秘地下水王国的第一人。正如奥斯汀笔下令人难以捉摸的达西先生逐渐显露出通情达理的一面，亨利·达西也揭露了地下水遵循理性和物理定律的事实，这里面没有迷信，也没有骄傲与偏见。

另见词条：喀斯特（Karst）；洞穴堆积物（Speleothem）。

Deborah Number: *Beyond measure*

德博拉数：超越度量

从烹饪到太空旅行，标准化的测量单位——无论是升、流明还是光年——在任何事物中都是不可或缺的。但是，有时候我们也会遇见一个悖论：量测事物的最好方式是使用没有单位的数字。地球物理学家研究时间和空间尺度的流体现象——比如大洋环流或固体地幔的倒转——时就经常这么做。

这种无量纲量的一个例子是德博拉数（Deborah Number）。“德博拉”出自《圣经·旧约》士师记中的女祭司底波拉（Deborah）。她曾唱道（至少有一些译本中这样记载）：“群山在上帝面前流动。”就像同类型的其他地球物理学衡量指标一样，德博拉数是一个比值，表示两个时间间隔的比值。其中，分子是一个介质的“弛豫时间”——流体在反映施力或形变后达到平衡状态所需的时间，比如手印从记忆海绵床垫上消失所用的时间，或者一块陆地在冰川的重量压力下回弹的时间。分母是观察时间：对拥有血肉之躯的人类来说，这只有几十年，但是对计算机模拟（或者神圣的观察者[1]）来说，这个分母可以达到几百万年或者更长。

如果德博拉数明显大于 1，则在考虑的时间尺度下，某一材料的力学响应就相当于一个不易动的固体。如果德博拉数接近 1，该材料就是流体——不一定是液体但可以

1 这里的神圣观察者（divine observers）指的就是理想观察者理论（ideal observer theory），即一种科学的、无任何偏见的描述或评价体系。作者在此处使用“神圣”是为了呼应前文提及的《圣经》内容。

“流动”。德博拉数更深层的含义是，依据观看者观察的时长，一个完全刚体，即一个看似永久的东西，比如山脉地带，在更长的时间尺度上可以表现得像一坨融化的糖蜜（可以流动）。

与此相关的另一个数是瑞利数，这是针对下方受热的流体发生热扩张之后是否发生对流或者倒转的度量标准，用于描述从熔岩灯到行星地幔等多种实体。瑞利数的分子包括所有有利于对流的因子，比如重力驱动力、流体上下面温差值，以及物体被加热后扩张的程度。分母则是阻止对流的各种变量的组合，特别是介质的黏滞度或刚度，以及它的热导率（热导率高，则可消除温差）。如果瑞利数高于一个临界值，那么我们可以自信地说，某种物质，比如地球的地幔，将发生对流，即使我们在人类的生命长度内不能观察到该现象。

与直觉相反的是，抛弃我们测量物体的本能——放弃米、升、克等单位，转而使用无量纲量，反而可以让我们真切而彻底地理解自然，甚至通过某种“上帝视角”来观察整个世界。

另见词条： 榴辉岩（Eclogite）、金伯利岩（Kimberlite）。

Dreikanter: *Three, of a kind*

三棱石：三，名不副实

在高中上德语课时，老师让我们学过一首德语儿歌《我的帽子有三个角》（*Mein Hut der hat drei Ecken*）：

> 我的帽子它有三个角；我的帽子有三个角；如果它没有三个角；那么它就不是我的帽子。

不管什么时候，我听到“三棱石”（dreikanter）这个术语，都会想起这首小曲和它反反复复的歌词。“dreikanter”是一个德语单词，字面意思是“三条边缘”，在地质学中，它用于描述一种由沙漠风塑造出的有棱面的岩石。沙漠中的石头持续遭受着风沙的磨蚀，如果它们质地坚硬且是晶体状的，那么它们就会被抛光、形成凹槽，扁平面则反映出盛行风的方向。NASA 的火星车在漫步过程中碰到过许多漂亮的三棱石，这证实了火星上有猛烈的风。

风蚀岩石还有一个更加常用的术语叫作“风棱石”。严格来说，只有具备三个陡峭边缘的金字塔形岩石才是

“三棱石”。不过，许多地质学家都更加灵活地用这个术语描述具有四边或者更多边缘的石头，不再对三角帽的三重属性念念不忘。

另见词条：流动沙丘（Erg）；雅丹（Yardang）。

E

Eclogite: *Pulling its weight*

榴辉岩：倾尽全力

我们可以将变质岩榴辉岩比作打扫街道、学校和办公室的夜间工人：很少被人注意，但对于保障世界正常运转来说是必不可少的。人们很少在地球表面发现榴辉岩，甚至许多地质学家从来没在野外看见它从地下露出头来。然而，如果没有榴辉岩，地球的板块构造系统将缓慢地停止运行。如果上述情况还不足以让人去留意它，那么——榴辉岩也是一种精致漂亮、具有宝石色调和质地的岩石，覆盆子红色的石榴石就嵌在绿色和蓝色的矿物基质之中。

像所有变质岩一样，榴辉岩的一生分为两个主要阶段：在一个环境中诞生；之后遇到另一种不同的物理条件，通过重结晶变形。大多数榴辉岩在变质之前就是大家所熟悉的黑色火山岩——“玄武岩”，它们是地球表面最常见的岩石，覆盖着世界上所有的海盆。

海底玄武岩大量产生于洋脊。20 世纪 50 年代末，美国哥伦比亚大学伟大的海洋绘图家玛丽·萨普（Marie Tharp）第一次绘制出了这个环绕全球的水下山脉链地形。萨普费尽心力，将放在船尾的线性深度声呐探测仪

得到的信息整理汇编，并以令人激动的三维模式将这些数据呈现出来。她的研究成果展示了崎岖不平的深海洋底，永远地改变了“大洋洋底一马平川，平淡无奇”的观点。她的全球洋脊系统分布图对于板块构造革命也是至关重要的，尤其是它证明了大陆确实可以“漂移”：通过海底扩张的方式。

在海底扩张过程中，玄武岩从洋脊的裂缝中喷出来，在这个位置，岩浆是通过地幔最上面的部分熔融产生的。这些岩浆的组分与生成它们的地幔岩石非常不同，其原理和“冰棒融化时，滴落的第一小滴甜水的含糖量比整根冰棒的更高”差不多。特别是与富镁的地幔（主要是橄榄岩，它的宝石形式是橄榄绿色的八月诞生石——贵橄榄石）相比，玄武岩中含有更多的硅、铝和钙。

一批玄武岩就位之后，新的岩浆上升，将老玄武岩从洋脊推挤到更远处。在火热的诞生之后，大洋玄武岩的余生都在安静地散失热量，直到 1.5 亿年后，它们已远离了诞生之地，变得足够冷和致密，然后通过名为俯冲作用的地壳循环过程开始下沉，返回地幔。

不过，即使非常冷的玄武岩仍然具有很强的浮力，难以下沉太多，所以很难进入高密度的地幔橄榄岩中。要是没有什么东西再推它一把，老的玄武岩海洋地壳只会在俯冲区简单地堆叠，形成巨大的玄武岩山脉而不是返回地幔"重熔"。然而，大洋玄武岩的晚期生活中的确发生了一些特别的事情：当它到达 48 千米的深度或者进入地幔后，它经历了一场意义深远的变质转换。原始的铝质矿物重新配置成了密度更高的形式，单调的玄武岩"转世"为色彩鲜艳的榴辉岩，里面令人难以置信地出现了深红色的石榴石、草绿色的绿辉石和天蓝色的蓝晶石。在获得新的外观后，原来比周围地幔更轻的岩石变重了，能够深深地下沉进入地球的内部。接着，高密度体将更多未变质的海洋地壳"拉"到它们所在的深度，然后转变成榴辉岩。

因此，可以毫不夸张地说，榴辉岩的形成驱动了俯冲作用，鉴于俯冲作用是地球板块构造系统的标志性过程，如果没有榴辉岩，我们所知的地球将会与现在的地球完全不一样。尽管金星、火星、水星和月球显示了过去火山作用和一些壳体变形的证据，但是只有地球发展出了俯冲的惯例。俯冲作用帮助地球平稳运转了几十亿年，使得地球的内部和外部保持“沟通”，返回地幔的不仅有固体洋壳，还有挥发分，比如水和二氧化碳（它们通过火山作用喷发）。与此相反，其他行星，比如有古河谷的火星，只是简单地随着时间流逝而丢失它们的挥发分，什么也没有保留下来。

在地球上，俯冲板片向下时所携带的水降低了相邻地幔岩石的局部熔融温度，产生出花岗质岩浆，随着时间的流逝，它们建造了大陆地壳。水也降低了固体地幔作为一个整体的黏度，使它可以对流，从而让板块一直处于运动当中。现在的估计是，地幔中水的总体积比世界上的海洋水量大得多。这无异于榴辉岩给我们留下了一笔“储备金”，令人倍感安心。

那么，让我们为榴辉岩唱首赞歌吧。尽管它通常都在公众的视线之外，在地下完成它的工作。在非常偶然的情况下，一些榴辉岩确实（通过某些不明机制）找到了返回地表的道路；在地表之上，它获得了应得的赞赏和感激，让我们感谢它为地球始终不渝的服务！

E

另见词条：贝尼奥夫带（Benioff Zone）；花岗岩化（Granitization）、金伯利岩（Kimberlite）。

Ediacara Fauna: *Peaceable kingdom*

埃迪卡拉动物群：和平的王国

一开始，地球没有杂草，也没有任何其他植物或动物。大约 38 亿年前，在陨石大轰击平息后不久的原始时期，微生物冒出来，并在全球范围内获得了立“足”点（尽管当时距离“足”的出现还有很长时间）。从那之后，在至少 30 亿年里，地球的生物圈都是一个宁静的单细胞“乌托邦”。

如果地球没有滑入漫长的深冰期——雪球地球（更加正式的名称是“成冰纪”），那么事情很可能就这样无限期地继续下去了。但是，雪球地球到来了，而要在这

个严酷的寒冬幸存下来要求生物具有非凡的韧性和多样的求生技能。幸运的是，一些生命最终完成了这项任务。

出乎意料的是，在雪球地球的最后阶段，地球表面冰川沉积而成的岩石中不仅保存着微生物群体化石，而且还留有宏体生命形式。这些神秘的有机生物属于复杂生态系统的一部分，统称为“埃迪卡拉动物群”。埃迪卡拉是 1946 年人们在澳大利亚南部首次发现该生物群的地点。后来，该生物群化石又在全世界 40 处地点被发现，地理范围覆盖从挪威到纳米比亚的广阔区域。

由于很多原因，埃迪卡拉动物群仍是古生物学的未解之谜。第一，它们看起来就像是在 6.35 亿年前突然冒出来的，形态完整且具有多样性，却没有明确的祖先。尽管造成这种情况的部分原因在于化石记录的不完整，但是自成冰纪冰期结束到全球范围内出现全新的有机生物群，时间如此之短还是令人十分惊讶。

它们形态的多样性也令人印象深刻。名为“叶状形态类生命”[1]的一些埃迪卡拉动物虽然看起来像发胀的蕨类，呈蕨叶状且有分支，但它们的身体是圆鼓鼓的，而不是扁平的。它们在海床上挺立，长度可达1米多，通过固定器官固着器将自己钉在原地。其他一些埃迪卡拉动物是圆盘状的，比如长有放射状沟槽的金伯拉虫，它能将身体伸展到正常体型的两倍再缩回来，就像一个有弹性的飞盘；又如造型怪诞的三星盘虫，它像一个迷你的玛芬蛋糕顶，冠部呈现出三重对称的图案，而这种特征在目前存活的生物群中再无体现（奇异的是，这种图案与英国马恩岛旗帜上的三足人图案很相似）。

我们至今还不清楚埃迪卡拉动物群是由什么组成的。在几个化石点，它们在沙子中留下了高保真度的压痕，而

1　叶状形态类生命是已知的地球上最早出现的生命形态之一。虽然外形看起来与蕨类植物很相似，但这种出现于海洋环境中的生命是地球上最古老的动物物种之一，也是最早出现的有性繁殖生命。

通常来说，沙子并不是保存解剖学细节的良好介质。这就让人们推测它们的外观是由具有一定抗压度但仍然柔韧的物质组成的，也许是一种未知的生物分子或者微细晶体——蛋白石。

埃迪卡拉动物的生活方式也很神秘。在著名的埃迪卡拉化石点，加拿大纽芬兰岛东南端的迷斯塔肯角，有机生物和它们的生活位置一起被保存起来，在深海浊积沉积，这揭示出它们当时生活在深海海底的黑暗之中，而在那里是不可能进行光合作用的。化石中也缺乏这些生物具有消化系统的证据，再结合它们隆起和分叉的造型，以及由此产生的较大的表面积，这一切似乎都暗示着它们是通过一种名为“渗透性营养”的方式从海水中直接吸收营养物质的。换句话说，这是一个没有捕食动物甚至没有草食动物的世界，一个和平的王国，只有奇怪的、延展的、胖乎乎的生物。它们在海底平静地摇摆着，过着自己的生活——这就是埃迪卡拉乐园。

但是，在埃迪卡拉化石地层的后期，出现了骚乱的信号。沉积物中的爬行轨迹表明，有机生物曾在此潜行，一些金伯拉虫化石标本上有伤疤状的划痕，具有矿化外骨骼的生物占比也越来越高，这一切都暗示着保护肉身的“盔甲”正发展为必需品。到了寒武纪早期，即埃迪卡拉动物群第一次出现的 4000 万年之后，它们完全消失了——要么是被一群新衍生出来的“地球同胞”生物吃到灭绝；要么就是在某些情况下，它们自己演化成了那些有机生物。

从那时起，动物演化就成了捕食者与猎物之间的“军备竞赛”。咬下去的第一口即是原罪。

另见词条：生物扰动（Bioturbation）；成冰纪（Cryogenian）；埋藏学（Taphonomy）；浊积岩（Turbidite）。

Erg: *The sands of time*

流动沙丘：时间之沙

对物理学家来说，一尔格（erg，出自希腊语中表示“功”的词 ergon），是一个微小的能量单位，约等于移动一根回形针百分之一英寸（0.254 毫米）所做的功。对地质学家来说，一个“erg”则是一片巨大的沙海。这个术语来自阿拉伯语，意思是“流动沙丘”。流动沙丘的面积有几十平方千米，它的上风向位置一定有一个大型沙源，

比如一个干旱的洪泛平原或者一个海滩；下风向位置则必定有一个屏障，把吹来的沙子聚在一起。就像大海上波涛翻滚，盛行风吹来，流动沙丘中也翻起小沙丘形成的沙浪。

要实时观测沙丘在地表的移动是很困难的，因为我们难以同时监测沙丘在三维空间中的变化。不过，如今早已成为砂岩的古代山丘则将均变论的格言“现在是通往过去的钥匙”倒转过来，为我们提供了一种思路，成为理解现在的沙丘如何在地表移动的一把古老钥匙。例如，在美国锡安国家公园陡峭的峡谷壁上，壮观的下侏罗统纳瓦霍砂岩暴露在人们面前，人们可以看到 1.8 亿年前形成的大面积沙丘的内部构造。锡安国家公园的岩石有一个典型特征，就是大范围的“交错层理”（地层向水平方向倾斜）。这说明在远古时期，当沙丘移动时，其下风面会不断爬上其他沙丘的背部，之后又被新生成的小沙丘覆盖。锡安国家公园里的砂岩无异于一部巨大的侏罗纪天气历书，通过对它的研究，我们有可能重现第一批恐龙出现时风的特征及降水循环的模式。

计算一个“流动沙丘”动起来需要的总能量，肯定让人头大：风化和侵蚀将岩石碾碎成大量沙子，风能将沙子聚集在一个位置，然后推动大沙丘穿过沙漠。物理学的“ergs”（尔格）实在无法描述地质学“erg”（流动沙丘）所需的巨大能量。

另见词条：三棱石（Dreikanter）；重力风（Katabatic Winds）；均变论（Uniformitarianism）；雅丹（Yardang）。

Firn: *Snows of yesteryear*

粒雪：过去的雪

F

“Firn”是一个瑞士德语单词，意思是“从去年来的”。粒雪是像砂糖一样的松软的雪，已经存积了好几个冬季，最终会变成冰川。粒雪落下，被之后几个冬季的降雪埋藏在下面，逐渐被压实，冰晶雪颗粒之间的空隙缓慢地闭合。一旦粒雪到达约 60 米深度，老雪就完全重结晶，雪花下降时所混合的残留空气都会被封进冰层变成气泡。

这些微小的气泡就像古老大气的天然储藏瓶，为人们提供了过去几十万年来延续不断的大气构成档案。格陵兰北部年降雪量相当大，其冰芯中的气泡详实可靠地记录了 12 万年前的末次间冰期至今的大气变化。南极 Dome C 站的积雪速度则慢得多，冰芯所记录的大气变化分辨率也更低一些，但其历史仍可以追溯到 80 万年前，包含 7 个完整的冰期一间冰期轮回交替。尽管从字面意义上来看，南北两极就是天南地北，但是北极和南极冰芯里的大气讲述着同一个令人警醒的故事：全球温度变化与温室气体（特别是二氧化碳和甲烷）浓度呈紧密的正相关，现如今这些气体的浓度比冰芯记录中的任何时候都要高。

“过去的雪”正是现在的水晶球，预言着人类的未来。

另见词条：斯维尔德鲁普（Sverdrup）；纹泥（Varve）。

F

Gastrolith: *From the gizzards of lizards*

胃石：来自“大蜥蜴”的砂囊

“Gastrolith”借用了希腊语中表示“胃”和“石头”的词语，是一个拼接而成的地质学新词汇。胃石是砂囊化石，来自蜥脚类恐龙或者会游泳的爬行动物（如蛇颈龙）。如同现代家禽和其他一些植食性动物，这些贪吃的中生代

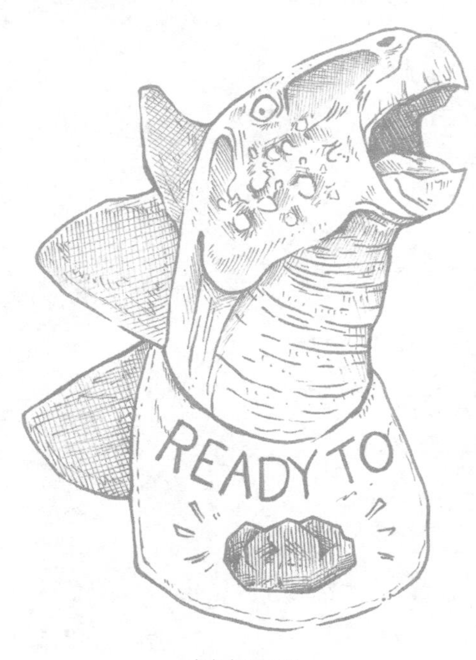

（准备好了）

草食动物没有磨齿，所以它们也需要吃石头，以便磨碎胃肠中坚硬的植物。不同于鸡或火鸡只吞咽沙子大小的颗粒，这些恐龙和它们生活在海洋中的表亲贪婪地吞食鹅卵石，有些石头的直径可达10厘米。多叶的开花植物（被子植物）如今在森林和草地中占据主导位置，但在侏罗纪时期它们还没演化出来，因此，就连身型庞大的泰坦龙，也得依靠生有尖刺的蜡质针叶和其他针叶树的多刺部位来维生。谁会忍心责怪它们偶尔吃进燧石或者吞下玄武岩来帮助消化呢？

胃石很容易鉴别，如果它们与恐龙骨头一起出现，基本上就可以确定。即使它们曾经的主人没能变成化石，胃石也可以根据几个判定原则被识别出来。第一，它们必须不在地质学意义上正确的位置上，比如：一粒或者一堆不规则的鹅卵石，镶嵌在如页岩或石灰岩这样的细粒岩石之中；第二，胃石一般是非常光滑的，就像在岩石打磨机里经过抛光一样——从某种意义上来说，事实也确实如此。这幅“抛光”的画面多少有些恶心，所以咱们就别细想了。

另见词条： 食土癖（Geophagy）；埋藏学（Taphonomy）。

Geodynamo: *Electromagnetic blanket*

地球发电机：电磁毯

G

地球磁场是看不见的，却也是必不可少的。在这个好客的行星为人们提供的诸多环境便利设施中，磁场也许是最少为人称道也最奇特的一个。地球磁场存世时间超过35亿年，现在仍然每天都在波动。它从地球的内部产生并延伸到外太空。虽然它是无形的，几乎无法观测到（耀眼的绿色和红色极光例外），但对地球上的生命而言，它是至关重要的。地磁场是我们的保护盾，它让持续且强烈的太阳风和宇宙射线发生偏转，否则太阳风会将地球的大气层剥蚀掉；来自星际空间的宇宙射线则会释放出伤害有机体细胞的巨大能量。

尽管水手们借助地磁场导航已有上千年历史，科学家们早在19世纪30年代就开始对它进行监测，但是关于地磁场，仍有不少未解之谜。爱因斯坦就说过：地磁场的起源和其持久存续的原理是物理学中最重大的谜题之一。尽管地磁场的方方面面还很神秘，但现代科学界已达成共识：地磁场产生于地球的外核，在那里液态铁的运动产生了一个巨大的、自我永续的电磁场，即地球发电机。

地磁场的几何形状近似于偶极模型，就像一个磁棒；并且地磁极大体上与地理的北极和南极一致，这就说明地核中熔融铁的运动很大程度上由地球旋转控制。在 20 世纪 30 年代中期之前，人们都相信地球的核部处于完全熔融的状态。这个观点以一次大地震之后的观察所得为基础：地震产生的 S 波（剪切波）是无法穿过液态物质的，而在其穿过球心的对应地点，人们未能检测到 S 波。P 波（压力波）的传导速度会受到液态物质的影响而减慢，但不会完全停止，但它也以某种方式发生了变化。以上现象暗示着，半径约 3380 千米的地球核心从顶部到底部都处

（这里~~是~~北极）
曾是

于熔融状态。

丹麦地球物理学家英格·莱曼（Inge Lehman）是至今仍由男性占据多数的地球物理研究领域中为数不多的女性科学家之一。她在1936年分析了新西兰一次大地震的地震记录，注意到有一些P波到达目的地时，其特征与全融的地核假说不相符。她对此做出了正确的解析：这些特殊地震信号其实是从地球深部的结晶体——一个半径约1200千米的固态内核——反弹回来的波。目前，现代地球物理学家已经公认，偶极磁场的重要成因之一是地球快速旋转的内核和相对迟缓的外核之间的转速差异。

但是，地球绕着它的自转轴旋转并不能解释所有复杂的地磁场现象。它除了有偶极性之外，还有“四极性”和“八极性”的组分，这让它的真实几何形态看上去有点像小孩玩的“T”形跳跳杆，把手的地方装饰着好多流苏。人们认为这些组分反映了地球外核的热对流对地磁场更加复杂的力学影响。

由于一些不为人知的原因，外核液态铁翻来覆去的运动导致了地磁场极性的间歇性倒转——磁北极和磁南极在几千年的时间里互换位置，在这个过程中，总磁场强度明显下降。海底玄武岩提供了过去1.7亿年以来的详实地磁场倒转历史记录（在此时间点之前的记录因为俯冲作用丢失了）。

令人欣慰的是，并没有明确的古生物证据表明地磁场倒转与生物大灭绝有关系（肯定有人会好奇，动物怎么在几千年中依照不断变化的磁场成功完成每年的迁徙）。最近的一次地磁倒转，即松山 - 布容地磁倒转，出现在大约 77 万年前，在冰期的初期。我们的更新世祖先好像根本没注意到这带来了什么变化，但是我们这些人类世的居民肯定会深受其扰：这种事件会对输电网络和卫星通信造成灾难性的干扰。

那么，地磁场变化会是一个令我们夜不能寐的星球级别的问题吗？自 1990 年以来，地磁场的北极已经迁移了差不多 1450 千米，从高纬度的加拿大北极地区阿克塞尔 · 海伯格岛移动到了一个靠近地理北极的位置，并且地磁场的强度以大约每百年 6% 的速率下降。坦率地讲，很难说这是否值得警惕。在我看来，与其担忧难以捉摸的宏大地磁场，不如去关心显然会导致巨大灾难的气候变化问题，至少气候会因我们的行动而有所改善，而磁场变化完全超出了人类的控制，我们能做的只有每天晚上感谢它的仁慈。

另见词条： 火星学（Areology）；球粒陨石（Chondrite）；莫霍面（Moho）。

G

Geophagy: *Raw terroir*

食土癖：原汁原味的风土

在世界上一些地方的文化中，人类吃土或磨成粉的岩石，特别是黏土和白垩土，这种行为在临床上称为“食土癖”。尽管在饥荒中有时会出现这种现象，但是人类学家认为饥荒并不是导致食土习俗的原因。人体所需的营养“矿物质”（实际上是元素），比如钙、钠、铁和锌，通常来自植物；植物则需要从土壤中吸收矿物。品酒师们宣称能品尝出酿酒葡萄生长地土壤中所含的独特矿物成分；照此看来，食土癖倒是一种体验“风土”之味的高效方法（虽然这与美食家的享乐主义背道而驰）。

另见词条： 胃石（Gastrolith）；成土作用（Pedogenesis）。

Geosyncline: *Magic mountains*

地槽：神奇的山脉

一直以来，山脉都对人类提出身体上的挑战，对准备不足的人来说，山区崎岖的地形和变幻莫测的天气都很危险。对缺少理论“装备”的一代代地质学家而言，想要丈量山脉，更是一种对思想和学识的高难度挑战。在 20 世纪 60 年代早期板块构造革命之前，对于山脉的成因还没有恰当的科学解释。不过，用著名登山家乔治·马洛里的话来说，无论有没有解释，“山就在那里”。在一个多世纪的时间里，一种学术空想——地槽学说曾被奉为解释山脉成因的圭臬，现在却已成为地质学历史上一个令人尴尬的脚注。地槽学说主张山脉是“自发生成”的，打个比方，就像老鼠突然在一袋粮食中出现一样，只要符合某些条件，山脉可以奇迹般地自己冒出来。

虽然地槽学说现在看来并不合理，但它毕竟立足于对北美一种地质现象的精确观测：跟着岩石地层从北美大陆中部向东进入阿巴拉契亚山脉，就会发现地层的厚度增长了一个数量级。在中西部，地层平伏且薄；然而在山脉里，地层出现了褶皱和扭曲，其厚度增加了至少十倍。当

时人们很难想象这仅仅是一个巧合。

1857 年，来自纽约州的古生物学家、美国地质学会创始主席詹姆斯·霍尔（James Hall，1811—1898）第一次明确表达了他的推想：厚的沉积物堆积与山脉地带形成之间应该存在因果关系。霍尔拒绝进一步解释为什么沉积盆地也一定会出现褶皱，但他暗示，水、黏土、淤泥和沙子组成了一个颤颤巍巍的混合体，一旦受到不稳定的“重力作用”影响，就可能形成上述现象。耶鲁大学的詹姆斯·德怀特·丹纳（James Dwight Dana，1813—1895）采纳并扩展了霍尔的想法。在 19 世纪的地质学领域，丹纳可是一位响当当的人物，他是权威的矿物百科全书《丹纳系统矿物学》（*Dana's System of Mineralogy*）的作者，这本书至今还在再版。

丹纳创造了术语“地槽”。它指的是一个沉积物深槽（以某种方式）在山脉地带变成了褶皱地层。术语“向斜”描述了岩石中的“U”形褶皱，它的反义词“背斜”指的则是拱形褶皱。丹纳的新词汇暗示，在一个山脉带大规模的坳陷中可能包含更小的弯曲和褶皱。新兴分支学科“构造地质学”（主要研究岩石变形模式）的研究者们更加详细地描述了这些内部特征。在阿巴拉契亚山脉、阿尔卑斯山脉、苏格兰高地和落基山脉辛勤绘制山脉褶皱和断层图的构造地质学家逐渐达成共识：这些山脉地带的岩石都经历过大量水平收缩，被挤压后，其宽度仅剩其原始横向伸展的50%。

这种幅度的水平伸缩是无法用地槽假说来解释的，因为地槽假说认为重力是造山的主要驱动力。也许是为了避免业内认知的不和谐（以及丹纳这等权势人物的公开抨击），当时的大多数野外地质学家都不想为他们发现的山脉挤压现象推理成因，而更倾向于简单地记录现象。

但是在 19 世纪晚期，一个欧洲构造地质学派提出了新的解释，似乎让主张“重力沉降盆地”的地槽假说符合了野外考察发现的“水平缩短”证据。这种解释就是：地球的地壳因为逐渐冷却而不断皱缩。据此观点，山脉就像葡萄干上皱巴巴的凸起，海盆则是向下的凹陷。这样一个“变冷、萎缩的地球”假说相当引人注目，部分原因是它将地质学与当时的尖端科学——开尔文勋爵的热力学有机地统一起来。

几十年来，开尔文以前沿热力环流研究、唬人的精密计算为基础的理论及其“地球年龄不会超过 4000 万年”的观点，给地质学家带来了无尽的烦恼，也令达尔文头疼不已。当时鲜有地质学家可以理解或者反驳热力假说。到了 19 世纪 90 年代，大多数地质学家接受了开尔文的观点，并对此深信不疑：地球正在无情地变冷（开尔文并不知道地球实际上是通过放射性衰变来产生热量的。正是这一现象为岩石定年提供了可行的方法，并最终表明他所宣称的地球年龄是错误的，正确的地球年龄应在他的计算基础上乘以 100）。

1922 年，“地球收缩假说”又受到了新一代地质学家的推崇。德国地质学家汉斯·施蒂勒（Hans Stille，1876—1966）出版了巨著《地球收缩》（*Die Schrumpfung der Erde*），将热收缩和地槽假说结合起来。在《地球收缩》和随后的工作中，施蒂勒引入了一套与林奈分类法相似的地槽学术分类学。他的这些空想看似推动了该领域的研究发展，事实上却害得地质学家在此后的几十年里做了很多无用功。当时提出的“正地槽”概念还算合理，由可以褶皱的岩石组成，通常还包括两个亚类：一个是有火山岩的“优地槽”，另一个是没有火山岩的“冒地槽”。（现今人们认为它们分别是深和浅的海洋序列，其中优地槽中包括蛇绿岩套和浊积岩。）

一直到 1958 年，地槽学说的术语表还在拓展。哥伦比亚大学著名地层学家马歇尔·凯伊（Marshall Kay）出版了其代表作《北美地槽》（*North American Geosynclines*）的第三版。凯伊发挥他的希腊语优势，添加几个希腊语前缀，就造出了新术语：“断裂地槽”说的是“以断层为界的地槽”；“联合地槽”指的是“在一度稳定的大陆地壳中形成的地槽”；“滨海地槽”则是“位于浅水区或靠近

G

海岸的地槽”。

一些同时代的地质学家对这些又臭又长的荒唐前缀很不满意，许多人私下里都不那么相信地槽假说了。然而，还没有人准备好公开揭露德高望重的教授们提出的地槽假说是“皇帝的新衣”，特别是在美国。凯伊的专著再版后不到十年，地槽学说就突然被弃如敝履。板块构造学说最终解释了造山运动的成因：由于海底扩张，大陆移动并且偶尔碰撞、挤压并导致了板块边缘的褶皱。

当时人们观测到，山脉地区的沉积序列比大陆内部的要厚得多，这一观察是准确的，且影响深远。其中的道理很简单：沉积物堆积在大陆架上，当大陆与大陆碰撞时，这些沉积物是碰撞前缘。正如美国构造地质学家彼得·科尼（Peter Coney）1970 年的精妙嘲讽：“说地槽引发了造山运动就像说是保险杠导致了交通事故。”

时过境迁，现在回头去讽刺前人的错误观念再容易不过，但当时推进地槽学说发展的地质学家也只是像牛顿一样受到科学本能的激励，发现自然界中的现象，并拓展总结出一套普遍规律。他们正确地识别出许多山脉地带的共同属性，可惜接下来却急功近利，没拿到任何称手的科学装备就踏上了攀登学术喜马拉雅的苦旅。

另见词条：外来岩体（Allochthon）；飞来峰（Klippe）；蛇绿岩（Ophiolite）；浊积岩（Turbidite）。

Granitization: *Igneous agnostics*

花岗岩化：对“火成岩”的质疑

地球是一颗花岗岩行星，尽管这是相较于其他岩质行星（以及球粒陨石）而言，但确实只有地球从它的地幔中淬炼出了大量花岗岩并将其作为大陆的基础。因此，了解有关花岗岩的起源问题，也是理解地球运行原理的基础。如何使用地质学思维去思考花岗岩的演化故事更为我们提供了一个有趣的视角，去审视科学最好（或许还有最坏）的一面。

“花岗岩化”是一个非常粗陋的概念，它主张花岗岩不是从熔体中来的，而是渗入元素导致沉积岩变形而产生的。大约在 1930 年至 1960 年，这一观点得到地质学家的支持，他们感觉自己站在学术思想变革的前沿，即将推翻古板的岩浆成岩理论。和地槽假说一样，花岗岩化假说始于对某一基本地质问题的合理猜测，但随后演变成了一片海市蜃楼，在此后的几十年里阻碍了地质学的发展。现在的地质学教科书几乎不会提起花岗岩化假说，也许是因为它并不符合大家所喜爱的“科学是不断进步的”叙事模式，许多现代地质学家甚至都不知道曾有过这样一个假说。

对早期的地质学家来说，远在花岗岩化谬论出现之前，花岗岩的起源就是一个未解之谜。在 18 世纪晚期，人们认为不同类型的岩石是在特征各异的不同地质历史时期形成的。花岗岩经常作为基底出现在层状岩石序列的底部，也被称为“原生岩石”，人们（当年）相信它们记录了地球最早的世代。由令人敬畏的德国采矿地质学家亚伯拉罕·戈特洛布·维尔纳（Abraham Gottlieb Werner，1749—1817）领导的“水成论”学派认为，所有岩石（明显由火山岩浆生成的岩石除外）都是在水中沉积形成的；火山作用是由煤层燃烧引起的一个小规模浅部现象，与花岗岩完全不相关。他们将花岗岩的成因解释为：原始海洋中由外来物质沉积而生成。

与此同时，其他人也提出了不同的观点，代表之一是苏格兰博学的地质学家、发现了“深时”的詹姆斯·赫顿（James Hutton，1726—1797）。赫顿找到了“花岗质岩石不是海洋沉积物而是固化的熔体”的证据。赫顿对这件事的判断是正确的，尽管他这样做并不完全出于客观而毫无偏见的科学追求，而是为了给他此前建立的一套宏大理论寻找证据。他的理论解释了地球的地壳是如何通过内部热源无休止地搅动和再造的，可以说，它是开启板块构造学说的一缕微光。（对于一直被要求先观察再推论的地质学专业学生来说，这又是另一段不为人知的尴尬小历史了。）

赫顿对花岗岩的看法能为今人所知，主要归功于他的朋友约翰·普莱费尔（John Playfair，1748—1819）的记录。1802 年，赫顿逝世五周年之际，普莱费尔出版了《赫顿地球理论的例证》（*Illustrations of the Huttonian Theory of the Earth*），以示纪念。这本书中最为生动的内容是普莱费尔对一次凯恩戈姆山脉远足的描述。当时赫顿因发现了支持热引擎假说的证据而欣喜若狂。在提尔特河的河床里，他偶然注意到一些粉色花岗岩部分侵入黑色的变质沉积岩，这种现象只可能是因花岗质物质当时处于熔融状态而造成的，否则根本无法解释。这个交错现象也表明花岗岩并不是一成不变的原生岩石，在一些情况下，它们比周边的岩石更年轻。普莱费尔这样描述赫顿的“大发现”时刻：

G

> 在提尔特河的河床上，一道道、一条条的红色花岗岩岩脉……夹杂在黑色的云母片岩中……赫顿看到这一景象，立刻意识到它证实了（他的）理论体系中的许多重要结论，他高兴极了。在这样的时刻，他总会自然而然地表达出强烈的感情，以至于陪同他的向导确信，他的发现一定不逊于金矿或是银矿，要不怎么会高兴得手舞足蹈。

我们从这段描写中不难看出赫顿是一个心无旁骛的学术狂人，在某种程度上，他离真相仅有一步之遥，他生前或身后的许多地质理论家都不曾如他这般接近真相。

整个 19 世纪，地质学从业余爱好者（如赫顿）自娱自乐式的研究逐渐发展成层次体系分明的专业学术领域，越来越多的地质分析方法被开发出来：一种特殊类型的光学显微镜能让光穿透岩石薄片，从而确定花岗岩及其他火成岩的详细矿物组成。化学家罗伯特·本生（Robert Bunsen，加热器具本生灯就是以他的名字命名的）展示了花岗岩的结构特征，证实了花岗岩中不同矿物晶体间的自然边界符合熔体冷却形成边界的特点。到 1900 年，赫顿凭直觉提出的“花岗岩是固化的岩浆”这一概念似乎经受住了现实的检验。

但是，从20世纪30年代开始，出现了反对的声音。随着实验方法的进步，越来越多的火成岩类型被辨认出来。这就带来了一个新问题：地球的内部怎么会有种类如此繁多的岩浆源，难道地球的地幔是个“干果什锦布丁”，里面包着各种各样的成分？同时，野外地质学家也发现了一个几何学谜题，这就是有名的“空间问题”：如果巨大的花岗岩体（如内华达山脉）曾经侵入别的岩石，那么它们侵入时所需的空间是哪里来的？被它们侵入过的岩石后来变成什么样了？一些地质学家认为这两个难解谜题的答案显而易见：花岗岩根本不是岩浆形成的，它就是沉积岩原地转变而成的。他们把这个过程称为“花岗岩化”。

这个激进的新观点是瑞典乌普萨拉大学的黑尔格·巴克隆德教授（Helge Backlund）提出来的，他的主要研究对象是波罗的海地区奇怪的奥长环斑花岗岩。他认为奥长环斑花岗岩中匪夷所思的圆形颗粒和内部分层似乎与沉积岩的“层状沉积”相关，而其中的“圆”则是通过化学交代作用[1]产生的。这个过程类似于埋藏于地下的树干通过

1 交代作用广泛存在于变质过程中，是因流体的运移导致固态岩石与外界产生复杂的物质交换，从而改变岩石总体化学成分的变质方式。原岩化学成分发生改变和新形成的岩石具有各种交代结构，是该作用的两个显著特征。

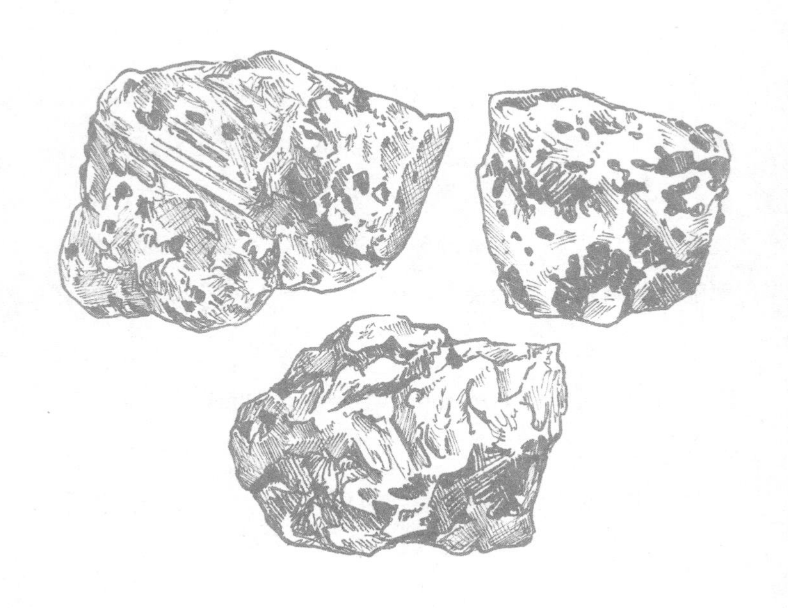

原子与原子的交代作用变成石化木的过程。很快，一些英美地质学家也称他们发现了沉积岩暴露在地表的部分，这些部分都是通过极其细微、不易察觉的方式逐步变化成花岗岩的。就像一个宗教分裂成不同的教派一样，这些“花岗岩化学者”或者“转化学家”分裂成各种派系，在交代作用的成因问题上各持己见：是因为“干燥”吗，由热和化学梯度驱动导致的“干燥”？还是因为“潮湿”，地壳深处流体流动产生的“潮湿”？现在去看当年地质学家吹毛求疵、争论不休的学术文献，令人倍感痛心，因为他们无异于在“研究独角兽的鬃毛”，做的全是无用功。

在“花岗岩化”受到追捧之前，华盛顿特区卡内基研究所地球物理实验室里的地球化学家诺曼·鲍温（Norman Bowen）事实上已基本解开了花岗岩的成因之谜。从 20 世纪初开始，鲍温在实验室中用不同组分的岩石制作了一堆岩浆，然后让它们冷却和结晶。他的实验显示：不同的矿物结晶温度不同，如果早期形成的矿物离开岩浆（在自然界中通过重力沉降），那么残余的熔体就很可能变成和原始组分完全不同的东西。

再说得具体一些，鲍温的实验表明，分离结晶作用意味着拥有地幔成分的原始熔体可以多次结晶，分次生成少量的花岗岩。（从理论上来讲，这个过程类似炼油厂的分馏过程，即将原油加热至不同烃类的沸点，就可以将烃类分别提取出来。）如果整个火成岩谱系的不同种类都可以通过这个过程产生，那就不需要用一个拥有不均匀成分的地幔来解释其成因了。

鲍温杰出的研究成果却几乎被“花岗岩化”领域学者们彻底无视了，他们推崇野外实干，怀疑基于物理学和化学方法进行的实验室研究。（这是历史遗留问题导致的：早年间，大外行开尔文勋爵和地质学界起了争执，他对“地球年龄可达上亿年至几十亿年”的概念嗤之以鼻，而这个概念经过了大量地质学家的验证。）此外，鲍温的结果没有直接阐述“空间问题”，而这可是横亘在“花岗岩化”学者头脑里的一个大问题。顺便提一句，这个问题的答案是：主岩被侵入的花岗岩熔体顶起来了（就有空间了），只有极少的花岗岩被吸入主岩。

到了20世纪50年代末，由于人们一直找不到神秘莫测的化学交代作用的成因，花岗岩化假说逐渐衰落。20世纪60年代，板块构造学说最终提供了一套理论框架，说明了岩石熔融的地点和成因，“花岗岩化”概念也就静静地退出学术界了。自此，地质学家对鲍温的实验结论的态度也悄然改变，他们巧妙地将它稍加调整，拿来解释自然界的现象：花岗岩不太可能只通过一个简单步骤就从地幔中直接生成了。相反，大多数花岗岩很可能来自已经分离熔融多次的岩石的再熔融，而不是由原始的地幔岩浆直接分离结晶而生成的。公平地说，一些花岗岩还真是沉积岩变的——但其形成方式是熔融，而不是所谓“花岗岩化”这样神秘的转化。

地质学家认识花岗岩的过程，并不像穿过凯旋门一样轻松而顺理成章。赫顿非凡的直觉被证明是正确的，尽管他的推论违背了现代科学研究的先后顺序准则。地质学家合情合理地遵循实践研究原则，相信真相只该在野外暴露于地表之上的岩石中，最终却绝望地迷失在他们自己制造的海市蜃楼中。鲍温为人们展现了实验对学科发展的重要性，但又没兴趣研究花岗岩在自然环境中错综复杂的生成过程。

对即将成为准地质学家的学生来说，这个故事的启示莫过于：在研究地球这个古老宏大的花岗岩星球时，应当将野外工作、理论、实验和想象结合起来，而这一切又当以端正的学术风气为先。

另见词条：球粒陨石（Chondrite）；地槽（Geosyncline）；奥长环斑花岗岩（Rapakivi）；不整合面（Unconformity）。

Grus: *Things fall apart*

风化花岗质砂岩：渣渣！

尽管花岗岩是公认的结实又耐久的材料，可以在地下深处存续几十亿年不变，但它根本不是地表之上的雨滴和微生物的对手。“Grus”一词出自丹麦语和挪威语，意思是“砂砾”，在地质学中用于描述彻底“腐烂的”花岗岩，即经过严重的风化后碎成渣渣的花岗岩。

当水（通常含有有机酸）沿着晶体边界缓慢渗入花岗岩后，通过溶蚀和水化作用改变矿物，就会形成风化花岗质砂岩。钾长石是一种让花岗岩呈现出玫瑰色的矿物，它会缓慢地变成柔软的黏土（如高岭土）。大多数花岗岩中散布的黑色角闪石晶体则会变成泛着绿色的绿泥石片。花岗岩从岩浆中固化、形成晶体时，晶体之间的网状结构会变得脆弱，颗粒边缘不再吻合。由于含有独特的圆形晶体，奥长环斑花岗岩格外容易受到这种分解作用的影响。

风化花岗质砂岩代表的是自然界中土壤形成的“第一步”。它也是一种颇具价值的商品，可用于铺设高档车道、风景区步道和一些黏土地面网球场。不过，风化花岗质砂岩也为人们敲响警钟：看似坚不可摧的东西——不论是花岗岩还是社会的文化基石，即便一开始只有微小之处受损，也可能迅速崩塌。

另见词条：花岗岩化（Granitization）；成土作用（Pedogenesis）；奥长环斑花岗岩（Rapakivi）；岩屑堆（Scree）。

Haboob：*Dust in the wind*

哈布风暴：风中之尘

与“Erg”一样，“Haboob”也出自阿拉伯语，指的是一种受风影响的、令人叹为观止的现象：在植被稀少的干旱地区，赫然出现一堵由高密度沙和粉尘组成的“墙”，被风吹着前进，这种现象通常预示着雷暴迫近。哈布风暴前进的速度高达每小时 80 千米，一个哈布风暴的前端最高点可达近 1600 米高——这样的景象会给观者带来强烈的压迫感，对航空器、汽车驾驶员和有呼吸问题的人来说，则是严重的灾难。

这个术语来自阿拉伯语中的“habb”一词。“habb”是“吹”的意思，起源于苏丹的沙漠地区，那里的气象条件导致当地每年都会出现几十次哈布风暴。该单词首次作为术语被引入地球科学领域可追溯到 1972 年。当时一篇发表在《美国气象学会通报》（*Bulletin of the American Meteorological Society*）上的论文论证了苏丹哈布风暴的产生过程，并提出美国亚利桑那州也出现了同样的风暴形成过程。

自 20 世纪 70 年代以来，随着沙尘暴在全球范围内出现的频率越来越高，这个术语流传到世界各地（甚至传入了本不可能会出现这种现象的地区）。人们对土地的不可持续利用和气候变化加速了全球的沙漠化，导致哈布风暴不断席卷新的地域。

另见词条：流动沙丘（Erg）；重力风（Katabatic Winds）；雅丹（Yardang）。

Hoodoo: Hats off

天然怪岩柱：帽子掉了

天然怪岩柱是一种细长古怪、不受地心引力影响的塔状物，活像是从美国知名儿童文学家和插画家苏斯博士（Dr. Seuss）的绘本里冒出来的。它们通常成片出现，因岩石风化而形成，也被称作“哥布林”（丑妖怪）或者“仙女烟囱”。很多岩柱状如人形，还有一些仿若雕刻师巧手雕琢而成。“Hoodoo”这个词很可能指的是它们超凡脱俗的奇特外观。

水平方向的层状岩发育出垂直裂缝，由于水的冲刷或冰的冰楔作用，裂缝变得越来越大，形成天然怪岩柱。天然怪岩柱的顶部总是有一片相对抗风化的岩石，可以短暂地保护下方更软的岩石免受侵蚀。

依据特定的岩石类型和重要的风化因素（风、水或冰），这些岩石顶上的“帽子”也各式各样：有尖顶的“巫师帽”（土耳其卡帕多西亚），也有高耸的土耳其毡帽（美国犹他州布莱斯峡谷国家公园），还有头巾帽（加拿

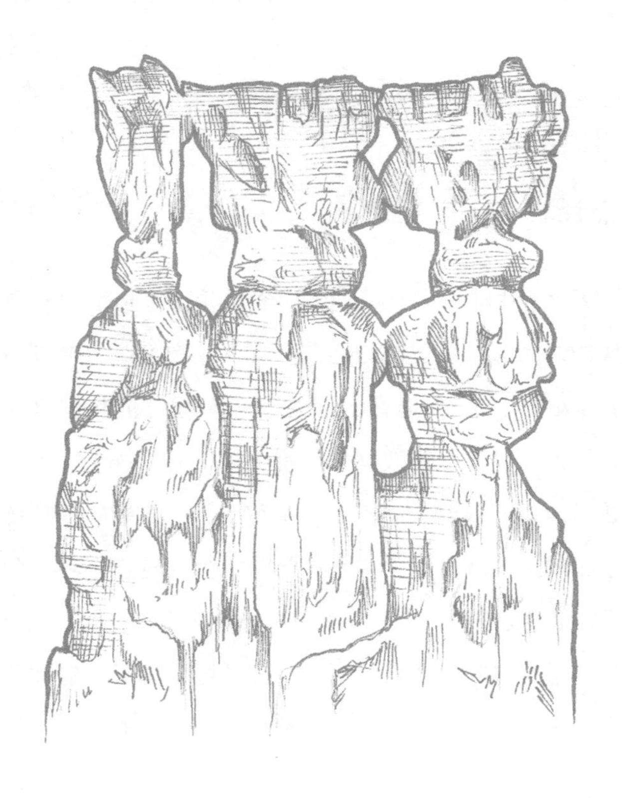

大阿尔伯塔省德拉姆黑勒）和活泼的浅顶卷檐软呢帽（新西兰普唐伊鲁阿峰）。一旦这些“帽子”被重力或者侵蚀“摘掉”，天然怪岩柱的余下部分很快就会消失。

另见词条： 风化花岗质砂岩（Grus）；成土作用（Pedogenesis）；雅丹（Yardang）。

H

J

Jökulhlaup：*Breaking the ice*

冰湖溃决洪水：破冰

冰岛容不下“夸张”，因为那里的自然力本身就极尽“夸张”了。“Jökulhlaup”是一个冰岛语单词，意思是“冰川流”（hlaup与英语中表示“大步跑”的单词lop和表示“一圈”之意的lap共享一个词根）。不过，千万别被典型的冰岛式轻描淡写误导：冰湖溃决洪水事实上是一场猛烈的大型洪灾。冰湖溃决洪水是冰川堰塞湖突然溃坝，或火

山喷发释放的热量致使冰川冰突然融化而形成的。在世界其他地方，没有人会因为担心发生以上情况而夜不能寐；但是在冰岛，这两种现象出现得都相当频繁，冰岛政府甚至颁布了详细的冰湖溃决洪水应急预案。

冰岛最近的一次大型冰湖溃决洪水出现在 1996 年 11 月。当时，冰岛最大的冰川瓦特纳冰原下的格里姆火山喷发，大家都觉得没什么可大惊小怪的。因为自 12 世纪开始，就有记录显示格里姆火山口一直在有规律地活动。尽管大家都习惯了，但它还是造成了很多不便。洪水裹挟着 1000 吨重的冰山，在长达一周的时间里奔流肆虐，将冰岛的主要高速公路环岛公路冲开了 30 多千米长的口子。好几座重要桥梁，连同 1 亿吨的灰烬和沉积物一起被冲入北大西洋。坚忍的冰岛人在一年之内重建了一切，尽管他们非常清楚同样的事情将不可避免地再次发生。

不过，与大约 1.8 万年前到 1.3 万年前在现今美国西北部地区爆发的冰湖溃决洪水相比，格里姆火山口释出的奔腾洪水都像涓涓细流了。严重的冰湖溃决洪水灾害在今华盛顿州东部形成了一片名为“疮疤地”的区域。20 世纪 20 年代，芝加哥大学离经叛道的教师、地质学家哈伦·布雷茨（J. Harlen Bretz）发现了洪水出现过的证据。

直到航拍技术出现之后，人们从空中俯瞰这片区域，才识别出布雷茨当年站在地面上就看出来的东西：“疮疤地”怪异、粗糙的地形景观其实很像一条庞大得难以想象的河流的河床，那里有一层层的波纹，每道波纹之间相距数百米之远；还有卡车大小的砾石，以及足以吞没一整个农庄的壶穴。

然而，在布雷茨绘图研究“疮疤地”的那个时代，最严苛的均变论才是地质学的正统之道，这种理论体系拒绝接受针对地质现象的任何灾变性解释。地质学家从骨子里就对涉及“大洪水（和诺亚方舟）”的解释嗤之以鼻，因为他们一直在与固守《圣经》字面含义的教条主义者斗争，后者认为现代地貌特征（包括美国大峡谷的形成）都应该归因于诺亚大洪水。布雷茨的假说涉及一场“古代大洪水”，而且其规模比历史上记载的洪水高出几个数量级，这简直是要给迫不及待想推翻地质学成就的新一代神创论者打开防洪闸（你懂的）。（正是在布雷茨为他的“疮疤地”史前大洪水理论奔走的那些年里，发生了“斯科普斯猴子案”，一名田纳西州的科学老师因讲授自然演化理论而被判有罪。）

布雷茨的假说中更为严重的科学缺陷在于，他无法说明冲刷出“疮疤地”的超大量洪水来自何处。当布雷茨终于敢在专业的学术会议上提出“斯波坎洪水”假说时，同辈地质学家（在那个年代他们都是同辈的）纷纷宣布与他划清界限。美国地质调查局的帕迪（J. T. Pardee）是当时极少数敢于和他站在一起的地质学家之一。在职业生涯早期，帕迪就观测并记录了蒙大拿州巨大的冰期湖泊米苏拉冰川湖的变化，并且意识到它应该有足够的水量制造冲刷出“疮疤地”的超大型洪水。

之后的几十年里，布雷茨和帕迪通过野外观察、航空照片和流体动力学计算，整合出“疮疤地”大洪水的故事。覆盖加拿大西部的冰盖上，有一条冰川形成的冰坝，阻挡了克拉克福克河，其位置就在今蒙大拿州米苏拉冰川湖处。随着时间的推移，相当于密歇根湖水量的水体在冰坝后蓄积，直到最后水压太高，在不到一个星期内，整个冰湖的水都倾泻而出，形成大洪水，其规模之巨恐怕连诺亚见了也要大吃一惊。

渐渐地，地质界勉强承认布雷茨和帕迪的观点是正确的。事实上，在他们之后，又有地质学家发现，因为冰川周而复始地前进、阻塞河道然后引发灾难性的溃坝，5000多年的时间里就发生了多达30次超级大洪水。现在，美国地质学会每年的年会上都有一场以帕迪名字命名的专题研讨会，其宗旨是为挑战主流观点的科学家提供一个“安全空间”，让他们可以畅所欲言而不必担惊受怕。布雷茨也在有生之年见到自己的工作被新一代的地质学家推崇，并于 1979 年接受了美国地质学会的最高荣誉——彭罗斯奖章。几年后他就离世了，享年 99 岁。

现在人们已经在世界各地发现了许多晚冰期冰湖溃决洪水的例子。这些暴烈的事件反映出地球从冰期转向全新世的过渡时期，其水文循环具有的不稳定性及危险性。大众旅游胜地威斯康星峡谷拥有著名的拱廊通道和水上公园，不过那里最先吸引游客目光的还是沿着威斯康星河排列成舰队阵型的奇形怪状的砂岩小岛。人们认为这些砂岩岛形成于 1.4 万年前，当时有一个冰坝决口，水量达 75 万亿升的冰川湖倾泻而出，洪水咆哮着冲进狭窄的河道，以令人毛骨悚然的方式搅动砂岩石头。不知道现代水上乐园的经营者看到这一幕会不会为自家的游乐项目担忧。

全新的高分辨率等深线图显示，见证现代欧洲历史风云的英吉利海峡可能与美国“疮疤地”一样，也是一场冰湖溃决洪水的产物。在冰河时期的大部分时间里，由于地球上的水大都被锁在冰川中，海平面要比现在低很多，因此是有可能从现今的法国步行到英国的。人们也发现了支撑这一说法的证据：拖网渔船曾在英吉利海峡打捞出哺乳动物的骨骸。

但是当冰川逐步往北撤退的时候，莱茵河和其他自南而来的河流补给，以及北方斯堪的纳维亚令人生畏的庞大冰盖支持，导致荷兰海岸带水体大量增加。当湖冰也开始融化，本就处于崩溃边缘的冰川湖，因为融水的增加而终于冲破了湖岸边缘，倾泻而出。这个位置就是现如今英国丹佛和法国加莱之间的英吉利海峡。如同美国的“疮疤地”和威斯康星峡谷，这里蓄积的总水量可能不到一个星期的时间就排干了，冲凿出海底峡谷“赫得深海”，将英国与欧洲大陆永远分隔开来。

有人可能会说：要是没有那次冰湖溃决洪水，诺曼征服、大英帝国、莎士比亚、温斯顿·丘吉尔、披头士乐队，甚至可能连英语都不会出现了。这种说法还真不能算夸张。

另见词条：火星学（Areology）；火山泥石流（Lahar）；斯维尔德鲁普（Sverdrup）；均变论（Uniformitarianism）。

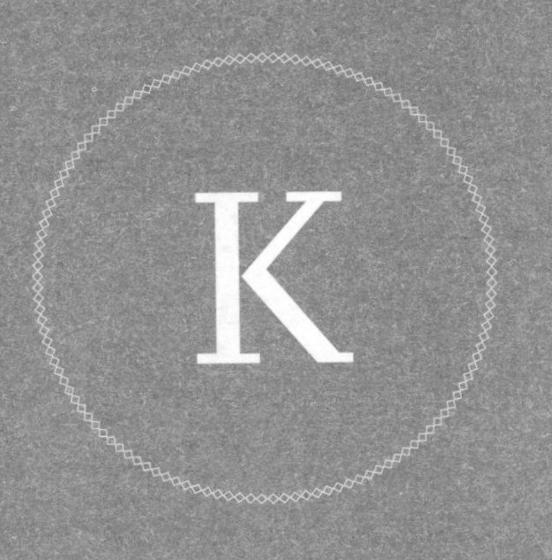

Karst: *The holey land*

喀斯特：多洞之地

斯洛文尼亚喀斯特地区因布满落水洞和洞穴而闻名。这个地名被借用到地质学领域，既可作名词又可作形容词使用；它指的是一个石灰岩分布区，其基岩因为地下水的溶蚀而变得像海绵一样多孔。

喀斯特地区仿佛处于水文学的“无政府状态”。在那里，地表水和地下水流动的正常规则完全被无视了。在地表欢快流动的溪流突然消失，落入地下。一般来说，地下水以每年几米的速度冲刷侵蚀普通岩石；但在喀斯特地区，地下水可以通过相互贯通的小洞以每天几百米的速度快速冲过岩石。这种水文学上的自由放纵，导致喀斯特地区的地下水非常容易受到污染，来自农场、化粪池或工业场所的污水会迅速地渗入位置较低的水井。

在世界各地都有与喀斯特地貌相关的丰富术语，这反映出水和石灰岩的“双人舞”已发展了无数具有地方特色的“舞步”。爱尔兰语中有“特洛”(turlough)一词，它指的是一种季节性湖泊，当湖泊下方的地下河流发生洪水时，水就从底部涌入湖里，然后再消失。英国约克郡谷地的石灰岩像一个西洋跳棋棋盘，棋盘上的“石芽”（clint，短而粗的柱子）被张开的“溶沟”（gryke，溶蚀扩大的裂缝）隔开。德国人也贡献了“溶沟和石芽”（karren）一词，它可以描述化学风化形成的高低不平、表面粗糙的石灰岩结构。墨西哥的尤卡坦半岛有“落水洞”（cenote），这种石灰岩洞穴的顶板坍塌，当地人认为那是玛雅人的神圣淡水水源。尤卡坦半岛上众多落水洞围成了一个半圆形，这一重大线索帮助人们找到了终结恐龙生命的希克苏鲁伯陨石撞击坑。

回到斯洛文尼亚，“深坑”（foibe）一词指的是坑壁（越往下越）向外倾斜的深坑，意味着人不可能爬出去。在第二次世界大战中，深坑被用于大屠杀，给这个词留下永久的战争烙印。或许喀斯特地貌体现出来的混乱也影响着生活于其上的人类。

另见词条：达西定律（Darcy's Law）；洞穴堆积物（Speleothem）；地下生物（Stygobite）。

Katabatic Winds: *Blow me down*

重力风：全都吹跑！

我的博士论文主要研究加里东 - 阿巴拉契亚造山带[1]最北端延伸处（位于挪威极圈内的斯瓦尔巴群岛）的构造历史。尽管我研究的是地质，但当年的野外工作让我学会

1 造山带是具带状分布、有一定造山极性的构造带，分布于板块边缘、板块之间或板块内部。造山带是大陆构造中的重要研究课题之一。

了很多极地气象学知识。这些气象课程大多采用“沉浸式教学法”，授课时间更是杀你个措手不及。

其中一堂气象课就发生在我们刚搭好帐篷后不久。当时我们刚刚扛着鼓鼓的背包，长途步行到达一个相当偏僻的位置。我们计划在那里扎营，然后连续工作一周。我们观察地势，精挑细选出一个扎营位置，它距离一个冰川吻状突出部约 400 米，正好在一个凹处，看来能为我们抵挡呼啸不停的刺骨寒风。我们刚刚脱下靴子，准备做晚餐，诡异的风声忽然从冰川上某处传来。几秒钟后，一阵七级以上的狂风袭来。风力太强，我们几乎站不稳。狂风将我们手里的东西吹跑，将大家的背包卷到了湍急而危险的冰川溪流旁边；它还掀翻了一个帐篷，那帐篷的四角可是被大石头压着呢！我们追着帐篷跑去，眼睁睁看着它翻过一处陡峭的沟壑边缘，根本不可能拿回来了。当我们沮丧地走回营地时，一切又恢复了平静。

我们遇到的是一阵重力风，这是一种出现在北极和高山环境中的气象现象：当一大团冷空气集聚起来后（通常在冰川上空），就会形成密度驱动的气流冲下山坡。重力风之于普通风，就像极光之于普通光——高度聚集并且有潜在危险。它的名字“Katabatic”源于希腊语，意思是

“下降的”，但是我觉得温和无害的“下降”二字远远无法描述如此暴烈的现象。

在希腊神话中，有一个长得和它有些相似的词——“Katabasis”（冥界旅行），它指的是“英雄进入地下世界探险”，倒是很贴切。在遭遇重力风的袭击后，我和同事们的确感觉像是刚去了一趟终极寒冷版的地狱。趁着冰川消停的时候，我们赶紧穿上靴子、背上背包，去另寻一个宿营地，以免它喘匀了气、接着给我们演示其他气象学实验。

另见词条：流动沙丘（Erg）；哈布风暴（Haboob）；浊积岩（Turbidite）。

Kimberlite: *Diamonds are ephemeral*

金伯利岩：钻石难久远

在地球锻造的众多矿物中，钻石可以算是最蛊惑人心的了。单颗钻石就像不朽的名流人物，不仅有名字——比如“希望”（Hope）和“光明之山”（Koh-i-Noor），而且名字还如雷贯耳（一般都是恶名）。几十年来的市场营销已经洗脑了无数情侣，让他们相信一段关系如果没有钻石就不够郑重其事。但是人类赋予钻石的所有神秘感，与钻石的地质学起源——金伯利岩本身的古怪神秘相比，都显得幼稚可笑。

金伯利岩的名字来自世界知名的钻石产区——南非金伯利地区。金伯利岩是一种致密、富镁的火成岩，直接从地幔喷到地表形成。没有人亲眼见过形成金伯利岩时的喷发，但它的化学和物理特征表明，它肯定经历过一段以地球内部为起点的高速旅途。

钻石只是纯碳，但它拥有非常致密的晶体结构，且在高压环境中生成。在地表环境中，石墨具有稳定的晶体形式，它也是碳的同素异形体，但石墨非常软，软到人们把它装在铅笔杆里就能通过摩擦在纸上写字。碳变成钻石需要相当于地幔 160 千米深度或者更深处的压力。（巨大的陨石撞击，在几分之一秒内就能使岩石受到极端压力，也可以形成钻石，但是这种钻石更容易变成微粒——特别小，就连最朴素的订婚戒指也没法用。）因此，严格说来，钻石在地球表面是亚稳态的（相较于在它们的自然热力学栖息地）。与珠宝商们声称的“恒久远”正相反，任何处于大气压力下的钻石都在非常缓慢地转化成石墨，只不过这种从外到里的变化是发生在原子层面的。

然而，到底是什么让钻石和含有钻石的致密金伯利岩穿过层层相对低密度的岩石，一路来到地表之上？一个关键的线索是：金伯利岩中竟然还含有矿物方解石。方解石（碳酸钙，化学式为 $CaCO_3$）是石灰岩中的主要矿物，通常由海洋中的有机物堆积而成，因此大气中的二氧化碳也通过有机物被固定到岩石里。从地球深部冒出来的火成岩中出现方解石，意味着岩浆融化地点有丰富的二氧化碳，这很可能是地球深处的致密岩浆被喷射到地表的关键。

如果金伯利岩出现在筒状火山口，那么这种火山口就被称作“火山通道”，其特征是直径可达几百米。它们具有碎屑结构，这是因为岩浆喷出时会带出各种类型的岩石碎片，并以一种非常规的方式将它们掺在一起。这说明金伯利岩岩浆的喷出特别剧烈，并且初始位置足够深：这样才能将来自不同深度的大量物质猛地混合在一起。这种变化指向了一种可增压气体——很可能是二氧化碳，这种岩浆喷到地表的现象就相当于一个自然版的喷气推进现象。

但是，究竟是什么诱发了突然的、局部的、气体驱动的金伯利岩岩浆喷发仍然是一个谜。与其他火山结构在空间上与板块边界或板内“热点”（如黄石火山）相连不同，火山通道通常都是孤立呈现的，距离其他岩浆或者构造活动区比较远。例如，美国阿肯色州的白垩纪金伯利岩产地，那个地方通常就不会受到邻近的火山活动影响。

对钻石进行的全新地球化学分析表明，在某些情况下，它们的长途旅行可能比人们之前认为的更壮烈。尽管钻石完全由碳组成，但并不是所有的碳原子都一样。碳能够以两种（非放射性的）稳定同位素出现，分别是碳 -12（^{12}C）和碳 -13（^{13}C），它们相差一个中子的质量。地幔中的大多数碳通过常规的火山喷发以二氧化碳的形式排出，具有一个已知的、一致的 ^{13}C 与 ^{12}C 比值。该比值明显地高于有机生物（树、藻类等）通过光合作用固定的 ^{13}C 与 ^{12}C 比值，这些需要光合作用的有机物对碳十分挑剔，更喜欢吸收轻一些的 ^{12}C。

有趣的是，一些钻石的 ^{13}C与^{12}C 的比值显示其并不像是从地幔来的，换言之，其中的 ^{12}C 太过富集，只可能来自有机物光合作用固定的大气碳。这种情况很可能是因为洋壳顶部有丰富的沉积有机质，洋壳又因为某些未知原因俯冲进入地幔，于是光合作用固定的碳才得以在地幔高压下结晶成钻石，然后又在某一天通过金伯利岩岩筒（地质特快电梯）返回地表。

然而，钻石这段传奇的构造传世神话，却因为人类开采活动造成的悲剧蒙上了阴影。要开采金伯利岩，需要挖开一个露天深坑，这种矿井作业十分危险；“血钻”销售为地区冲突和种族灭绝犯罪提供了资金；钻石更堪称军阀的好朋友。尽管国际钻石业在2003年推行了一个名为《金伯利进程国际证书制度》的协议来确保钻石的来源合法，但走私、伪造文书和执行不力还是削弱了该协议的效力。

一种与地表无关的亚稳态岩石竟然有本事扰乱人类事务，真是不可思议。

另见词条：紫水晶（Amethyst）；角砾岩（Breccia）；榴辉岩（Eclogite）；科马提岩（Komatiite）；莫霍面（Moho）。

Klippe: *Strata gone astray*

飞来峰：误入歧途的地层

“Klippe”来自德语，意思是“陡崖”。它指的是一个曾经连续的岩石板片的侵蚀残体，该岩石板片在造山过程中受到构造逆冲推覆，沿着一个缓缓倾斜的断层面推覆到现有的位置上（整个板片称为“allochthon”，意思是“外来岩体”）。这类断层的典型特征是将更老、更深部的岩石堆叠在更年轻、更浅部岩石的顶部，因此，飞来峰便如同一座更老岩石组成的孤岛，在年轻岩石组成的海洋中茕茕孑立，乍一看好像是违反了“更老的岩石应位于地层序列底部”的原则。

北美地区最有名的飞来峰大概就是美国蒙大拿州冰川国家公园东部边缘的酋长山了，土生土长的印第安黑脚族将它称为尼奈斯塔基（Ninaistaki）。酋长山是一个明

显的地标，几千米之外就可以看见，其块状的顶峰由十多亿年前的元古代石灰岩组成；基底的白垩纪页岩为石灰岩的滑动提供光滑的表面，可它们的年龄只有1亿年。

侵蚀作用也可以在山脉地带创造出其他有趣的地质几何现象，特别是在岩石因断裂活动而杂乱堆叠在一起的位置。如果一个侵蚀洞可以透过逆冲断层板片，并让人得以看见下伏的岩石，那么这个侵蚀洞就被称为“构造窗”（fenster 或 window）。“构造窗的反义词是什么？”任何一个称职的地质学家都知道这个问题的答案：当然是飞来峰呀！

另见词条：外来岩体（Allochthon）；地槽（Geosyncline）。

Komatiite: *The rock that went extinct*

科马提岩：灭绝的岩石

按照均变论的原理——地质“规则”不会随时间而变化，那么过去形成的岩石类型，现在也应该正在地球上的某个地方，处于形成的过程之中。就砂岩、石灰岩、花岗岩、玄武岩等大多数岩石来说，这个说法肯定是对的。但科马提岩则是一个明显的例外。

科马提岩以南非科马提河命名，是一种火山岩。它形成于 25 亿年前太古宙结束之前，并且仅在地球上形成。从那以后，它就从岩石记录中销声匿迹了。这意味着它形成所需的环境条件不存在了。那么，是什么在太古宙晚期导致科马提岩在全球“永久停产”？科马提岩中的主要矿物——橄榄石，提供了关键的线索。

尽管一些现代玄武质熔岩，例如在夏威夷喷发而成的那些岩石里，就包含橄榄石，但它不是这些年轻岩石的主要成分。另外，夏威夷玄武岩中的橄榄石比较特殊，它并不是和玄武岩一起从熔体里结晶而来的，而是岩浆在地幔深处形成时遇到的未融化残体，随着岩浆喷发被带到地面。这样的晶体被称为捕虏晶（外来晶体）。在一些地方，整块富橄榄石的地幔岩石（也可以叫橄榄岩），会作为捕虏体（外来岩石）随着玄武质熔岩一起到达地表。夏威夷大岛上著名的帕帕科立绿沙滩，就是由含有橄榄石捕虏晶和捕虏体的玄武质熔岩风化形成的。

夏威夷熔岩里的橄榄石保持着固体状态。因为无论在何种压力条件下，橄榄石的熔点几乎都比其他矿物的熔点高。夏威夷玄武岩熔岩在大约 1093 ~ 1148 摄氏度喷发，肯定是灼热的，但是尚不足以液化耐热的橄榄石。相反，有证据证实，科马提岩中的橄榄石是直接从熔体中结晶出来的。证据就是，科马提岩中的橄榄石是长而纤细的晶体。这意味着它们是在液体中冷却至远低于其凝固点的温度时形成的。这些针状晶体类似于寒冷天气下窗户上结成的纤细的霜花，会形成一种叫“鬣刺结构”的特有结构——这个名字来自南非热带稀树草原上的一种草。科马提岩中的鬣刺结构表明，宿主熔岩是在 1593 摄氏度（橄榄石的表面熔融温度）或更高的温度喷发的。

如此高温的熔岩黏滞度应该比任何现今的“更低温”熔岩要小，其流动性甚至比得上水的流动性。事实上，在高温熔岩固化之前，科马提岩熔岩很可能已经在地表上奔腾了好几千米，为自己侵蚀出一条通道。

最年轻的科马提岩也有大约 25 亿年了，这一事实意味着，在此之后，地球进入了漫长的降温期。年轻、炽热的太古宙地球具有足够的热量去完全融化地幔，产生科马提岩；而在如今更老、更冷的地球，即使是在夏威夷这样的“热点”地带，也只能出现部分熔融现象，产生含固态地幔橄榄岩块的玄武岩熔岩。地球内部的热力有两个来源：原始热来自行星形成过程，放射热由地球内部的放射性元素衰变产生。两种热源都在随着时间的推移而逐步减弱，将来在地质学的某一个时间点，目前地球上最常见的岩石——玄武岩，也会绝迹。

另见词条：榴辉岩（Eclogite）；花岗岩化（Granitization）；金伯利岩（Kimberlite）；蛇绿岩（Ophiolite）；均变论（Uniformitarianism）；捕虏体（Xenolith）。

K

Lahar: *Abhorrent torrent*

火山泥石流：可恶的洪流

“Lahar”是爪哇语，指的是一种不声不响却致命的火山灾害：一种由水和火山灰构成的稠密的、快速流动的泥浆，其密度和湿水泥差不多。这种灾害与更加臭名昭著的火山发光云不同，后者的致命性很大程度来自其灼烫的高温，火山泥石流则是冰冷而隐秘的。如果暴雨使得火山陡坡上松软的火山灰达到水分饱和，那么，即使一座火山处于不活动的状态，火山泥石流也可能发生。最具破坏性的一种情况是，火山喷发导致山上的冰川或雪原突然融化，形成火山泥石流。冰湖溃决洪水也产生于火与冰的危险组合，与它相比，火山泥石流的不同之处在于，其成分中火山灰和水是等比例的。火山泥石流被其所携带的沉积物的动量推动，以每小时 48 千米的高速飞驰而下，“劫持”无辜的普通河流并把它们变成势不可挡的泥浆急流。

历史上最严重的火山泥石流事件发生于 1985 年 11 月 13 日夜晚。哥伦比亚的内瓦多 · 德 · 鲁伊斯火山在休眠了一个世纪之后苏醒了，出现中等程度的喷发。当晚，人们看见由水蒸气和火山灰组成的喷发柱从火山顶释放出来，但这似乎对远离火山下部斜坡的周边居民区没有造成直接威胁。到了半夜，四道汹涌的火山泥石流咆哮着冲进火山斜坡下的河谷，两层楼高的泥浪掩埋了村庄，死亡人数约 2.3 万人。阿尔梅罗镇曾经依靠当地富饶的火山土壤兴旺一时，此时几乎完全被火山泥石流裹挟的火山沉积物埋葬。

内瓦多·德·鲁伊斯火山泥石流灾难过后，全世界的地质学家研究并绘制出火山泥石流灾害图，并在活火山周边地区开展公共教育。得益于地质学家的努力以及更先进的地球物理监测，现如今与喷发活动有关的火山泥石流已不太可能再次引发悲剧，因为火山倾向于在“正式行动”之前发出一些信号。

更加凶险的是火山完全处于休眠状态时发生的火山泥石流。在美国华盛顿州雷尼尔山脚下风景如画的村镇，居民们的危机意识正在觉醒：一场强降雨或者一个火山灰覆盖斜坡的突然坍塌，就会毫无前兆地导致一场火山泥石流灾害。实际上，当地的很多村落就是在古老的火山泥石流沉积物上建成的。这已经为人们敲响了警钟：火山对创造与毁灭一视同仁。

另见词条： 冰湖溃决洪水（Jökulhlaup）；露西泥火山（Lusi）；火山发光云（Nuée Ardente）；浊积岩（Turbidite）。

Lazarus Taxa: *Zombie fossils*

复活分子：起死回生的化石

查尔斯·达尔文在《物种起源》中花了整整一章去阐述“地质记录的缺陷”。他的目的是先发制人地驳斥怀疑论者的质疑，后者认为化石记录中缺乏过渡性化石，故而难以支撑他的自然选择演化理论。150 多年之后，大部分所谓的“缺失环节”都被发现了，地质学家发现岩石记录也没有达尔文所说的那么“有缺陷”或不完整。但现在依旧有不少令人困惑的未解之谜，“复活分子”就是其中之一。它指的是本该出现在化石记录里的某些物种或更高等级的族群实际上却缺席了，在百万年或者上千万年之后才再度出现，好像起死回生一样。

在一些情况下，某些演化过程没有化石证据，可以简单归因于低保存率：毕竟“化石化”是一种例外情况而非“必然”，尤其是对一些没有矿化壳体或者骨骼的软体有机生物而言。但是，如果某种有机生物一直都有良好的代表性化石佐证其演化过程，中间却忽然出现一段很长的证据链缺失，这就很可能指向另一种重要的可能性。

最富有戏剧性的复活分子案例是地质历史上紧接着大范围生物灭绝事件发生的“生物礁间断”。它指的是曾经丰富的造礁生物（不仅有珊瑚，还包括其他钙化有机生物）在这些生态系统接连崩溃后忽然消失，失踪长达数百万年。灭绝事件之后持续时间最长的一次“生物礁间断”堪称惨绝“生物”寰，这就是二叠纪末期的生物大灭绝事件，它简直是生物圈的“濒死体验”。在著名的白垩

（失踪长达 1000 万年）（牛奶）

纪末期恐龙灭绝事件中，我们可以把责任推给一颗“暴戾”的陨石；但二叠纪末期的大灾难不同，它源自地球内部系统，是各种环境因素导致了“祸不单行”：快速变暖、臭氧破坏、海洋缺氧和海水酸化仿佛提前串通好了，一起破坏了海洋和陆地的食物链。

在海洋中，钙化生物，特别是珊瑚，遭受的打击尤为强烈。一些种类的珊瑚完全灭绝了，再也没有出现过。其他种类的珊瑚在“擅离职守”1000万年之后，又在下三叠统地层中神秘现身。单体珊瑚动物或珊瑚虫是体型很小的生物，它们与体型更加小巧且能进行光合作用的生物共生。作为一个整体，这些微型团队分泌矿化的碳酸钙结构，即我们所说的珊瑚，这些碳酸钙结构被保存在化石记录中。因为珊瑚是岩石质的，所以很容易就可以变成化石。只有在酸性水出现的情况下例外，因为酸性水会让珊瑚溶化。

二叠纪末期生物大灭绝之后，长达几百万年甚至上千万年的珊瑚化石缺失说明，对珊瑚化石的形成或长时间保存来说，海水和（或）海底沉积物中的水酸度太高了。然后，在一个地质学意义上的好日子，珊瑚又回来了。那么，这段时间里它们在干什么呢？在三叠纪早期大部分时间里“户外宿营”，而不是住在矿化自己的“房子”里？搞出了极简主义的结构却太过脆弱无法变成化石？1000万年之后，它们又是怎么记起如何正确地建造珊瑚礁的呢？

对身处人类世的我们来说，二叠纪末期生物大灭绝的原因，包括海洋酸化，简直熟悉得令人不安。二叠纪末期生物大灭绝事件后，生物礁间断的故事读起来像一个经典的先听好消息还是坏消息的笑话。好消息是，珊瑚的确没有灭绝并且再次繁盛；坏消息是……它花了相当于整个人类历史1000倍的时间才活过来。

另见词条：人类世（Anthropocene）；喀斯特（Karst）；埋藏学（Taphonomy）。

Lusi: *Its name is Mud*

露西泥火山：泥浆，法外狂徒

2006年5月的一天，印度尼西亚东爪哇省的一个小村子外面，一个正在钻探天然气的气井突然喷出巨量的热泥浆，流淌进附近的稻田。钻工们试着往钻井里注入高密度的液体——水泥，甚至用混凝土球链压在井口，但是泥浆还是不停地往外喷，并且从此之后，再也没有停止。当我在写这篇文章时，已经有 15 个村子被掩埋在 40 米深的泥土中，4 万名居民被迫搬离。这条喷泥的通道被命名为"露西"（Lusi），是爪哇单词"lumpur"（泥浆）和"Sidoarjo"（事发地）的前两个字母的组合。

这座泥火山突然出现的真正原因仍然是有争议的。露西泥火山接近天然气井暗示了它的成因与钻探作业相关。此外，泥浆喷出地表当天，钻探深度已经接近 3100 米，并且人们已经通过其他钻井得知，这个深度穿透了一个石灰岩层，下面就是过压的流体。然而，这种解释遇到了棘手之处，因为就在露西泥火山苏醒的两天前，距离其 160 千米的地方发生了一次震级 6.3 的地震。地震可以通过岩石中的断层和裂缝将流体泵出，因此一些科学家认为这可能才是诱发此次泥浆喷发的因素。还有一些研究者采集了露西泥火山释放出的气体并得出结论：实际上，它可能是一个天然的火山通道。

由于对泥火山的成因缺乏科学共识，失去家园的居民无法向钻探天然气井的公司索取补偿。与此同时，当地修建起一套堤岸和通道系统，疏导露西泥火山持续喷涌的泥浆，每天的泥浆处理量可灌满 30 个奥运赛场标准泳池。一些眼光独到的公司开始在这片广阔而荒凉的淤泥滩提供导游服务，欣然把这座泥火山当成一个“罪案现场”景点，罪魁祸首就是外号为“泥浆”(Mud) 的“法外狂徒”。

另见词条：火山泥石流（Lahar）；假玄武玻璃（Pseudotachylyte）。

L

Moho: *Setting boundaries*

莫霍面：设置边界

神话和传说中经常出现通向地下世界的壮观大门：俄耳甫斯在寻找妻子欧律狄刻时，穿过伯罗奔尼撒洞穴来到了冥界大门；在夏威夷大岛的传说里，深邃的威庇欧山谷就是地下世界的入口。在法国 19 世纪著名科幻小说家儒勒·凡尔纳（Jules Verne）的想象中，冰岛的一座火山是通向地心的秘密洞门。尽管地下世界在人类想象中总是赫

然出现的，但是实际上它比外太空还难以进入。我们至今尚未到达过地壳的底部：就是说还没有突破莫霍洛维奇不连续面，简称“莫霍面”。

地球的半径约为 6371 千米（在赤道地区稍微大一点，在两极地区稍微小一点——等速旋转使地球发生了轻微的赤道肿胀）。相比之下，全球最深的矿井仅有 4000 多米深。曾保持过世界上最深纪录的钻孔——冷战时期苏联为了在太空竞赛中赢过对手而钻探的科拉超深钻孔，也只到达 12 262 米处，还不及钻探地点科拉半岛地壳厚度的一半。在这个深度，高温足以导致钻杆和钻头软化变形，使钻探工作无法继续。（北约组织为了对抗苏联，也在巴伐利亚州进行钻探活动，但开凿到 9600 多米深度就放弃了。）

幸运的是，地球为地质学家提供了一些机会来了解地下到底有什么。曾经位于地壳深处和上地幔的岩石可以通过各种方式被带到地表：侵蚀可以掘出深部的岩石；火山喷发可以从深部岩浆房中带出未熔融的岩石；此外，俯冲作用偶尔出错时，整个海洋岩石圈，即地壳和最上部的地幔，也会被猛推到大陆边缘，形成蛇绿岩套。在那里，地质学家可以轻松跨过地壳与地幔的边界。

自然暴露是不可多得的窗口，通过它，人们可以观察地壳内的样子；不过，我们对地球深部的大部分认识还是来自大地震穿过岩石产生的地震波记录。在地震过程中，断层滑动会释放出高能波扩散，穿过大地并引起振动，我们称之为地震波。这些地震波有几种形式，包括快速但相对温和的 P 波（压力波）和更慢但破坏力更强的 S 波（剪切波）。

1909 年，萨格勒布市附近发生地震后，克罗地亚地质学家安德烈·莫霍洛维奇（Andrija Mohorovičić）注意到，在这次地震中，在距离震中某一长度的位置，有两组不同的 P 波和 S 波。他意识到，这意味着地震波从地震的中心出发后走了两条不同的路线：一条是直接路线，通过地壳的岩石传导；一条是间接路线，部分穿过上地幔，上地幔更坚硬，但地震波传递在这里速度更快。因此，尽管第二条路距离更长，但是通过地幔路线传导的地震波还是比取道直接路线的地震波更早到达地面，这就好比司机选择快速路就能更早抵达目的地，尽管路程比行车缓慢的乡村道路更长。

利用三角学和地震波到达不同地震台站的时间，莫霍洛维奇确定了地壳中地震波的速度（P 波波速大约 4.8 千米 / 秒）、地震波在地幔中明显更快的传递速度（大约 8

千米/秒)，也确定了地壳-地幔边界的深度，这个边界就是以他的名字命名的"莫霍洛维奇不连续面"，地质学家通常简称它为莫霍面。

在大陆上，莫霍面的典型深度是32～40千米。在成山作用使地壳加厚的情况下，它最深可达90千米。海洋下面的地壳要薄得多，莫霍面仅位于海底以下5～10千米处。不管是在大陆还是海洋下面，莫霍面都是一个意义重大的成分边界，将相对轻的地壳高硅岩石与更致密的地幔富铁、镁的岩石区分开。

莫霍面是一个重要的矿物边界，但它不是一个明显的力学界面，尤其是它并不能定义那些在地球表面来回穿梭的构造板块的厚度。这些板块包含牢固的地壳和坚硬的最上部地幔，它们一起组成了岩石圈。在任何一个地区，岩石圈板块的底部都与温度接近富橄榄岩熔点的地幔深度一致(通常为93～193千米)。尽管在这些深度，只有很少一部分地幔熔融了，但是岩石的强度大幅降低。和莫霍面一样，岩石圈的底部也很容易识别出来：地震波速度在此处会骤然下降。因此这一部分也被通俗地称为"低速带"。

奇怪的是，尽管莫霍面和低速带与地面之间的距离非常近，短途驾驶甚至骑自行车就能很轻松走完，但人类永

M

远无法抵达这些位置。俄耳甫斯在探求冥界之门的时候没有做好地球物理旅行笔记；儒勒·凡尔纳在小说中称地幔处有巨大的蘑菇也是异想天开——我们要探索地下世界，还是依靠地震波最稳妥。

另见词条： 榴辉岩（Eclogite）；地球发电机（Geodynamo）；金伯利岩（Kimberlite）；蛇绿岩（Ophiolite）。

M

Mylonite: *Faulty logic*

糜棱岩：关于断层的错误逻辑

虽然“Mylonite”是地质学家在19世纪晚期创造的一个新词，但它与“mill, meal, molar, maelstrom”（磨坊，餐饭，臼齿，漩涡）甚至“Mjölnir”（雷神之锤）共享一个古老的印欧语词根，意思是“碾碎或捣碎”。糜棱岩是一种出现在断层区的细颗粒岩石，从语言学上来看，这名字还挺合理的；然而，人们当初给它取名时所依据的，反而是早期对这种岩石形成方式的错误认识。

人们通常认为断层是岩石中的脆性变形，但更广义、

更准确的断层定义应该是：一个发生了显著水平位移的区带。位移的成因可能是脆性破裂、碎裂、黏性丢失或韧性流动。这种情况类似于将一块提拉米苏蛋糕倾斜放置，蛋糕的一层层马斯卡彭干酪层就会滑落并断开。糜棱岩正是通过韧性断层位移形成的，不过它形成时的温度可比提拉米苏端上桌时的温度高多了。

在大陆地壳的上部，也就是大多数地震发生的位置，岩石都是脆性的。随着深度增加，压力升高，岩石变得更加坚硬，这就加大了它们穿过裂缝和其他潜在破裂面时的摩擦阻力。虽然温度也会随深度而增加（典型的地温梯度是每千米 14.8 摄氏度），但温度对岩石的强度没有太大的影响——直到岩石处于 16 千米深的地下，在这个深度，石英和长石等矿物可能发生分子层面的变形，并以固体的形式实现塑性流动。在这个“脆性—韧性”的转化带下方，岩石的强度突然下降，很少发生地震，岩石中的软弱面为了适应剪切和重结晶的构造应变而形成糜棱岩。

早期的地质学家以为糜棱岩中的细颗粒是物理破碎的产物；随着材料科学的发展，我们目前已认识到，糜棱岩的自然形成过程其实与冶金学中的“热加工”相似。在这个过程中，如果温度足够高，以至于出现了连续的固态重结晶现象，那么不需要断裂就能完成大型形变。剪切过程中形成的新的微小而无应力的晶体，构成了糜棱岩中的小颗粒结构。

通过这样的晶体塑性“热加工”，位于板块边界地壳深处的糜棱岩带也可以跟上地质构造变化的脚步，人们测量出它每年可以挪动几厘米。与此同时，在浅部的脆性地壳，摩擦阻碍滑动，导致滑动的断层卡住并持续积累应力，直到最后它们承受不住，在地震活动中轰然崩塌，并以每秒 0.9 ~ 1.5 米的速度向前冲去。这确实很奇怪，强岩石在地震中断裂，而弱岩石仅仅是渗出而已，毕竟弱岩石从未积累足够的应力在地震中释放出来。

在世界各地，比如美国缅因州海岸、威斯康星州北部和苏格兰外赫布里底群岛，由于地表遭受侵蚀和剥离，人们才有机会研究过去位于临界转变深度的古老断裂带，就是在这个深度位置，脆性的和多地震的岩石转变成塑性的，且不会发生地震的岩石。有趣的是，在上述几个地方，人们发现那些经历过古老地震的岩石，即由摩擦熔化形成的假玄武玻璃，不但能切开糜棱岩，还会被糜棱岩切开。这些相互横切的关系揭示出当古老断层处于活动状态时，它们其实是在缓慢移动的塑性变形和幕式的极速地震滑动之间切换——在大地震导致地壳上部岩带破裂时，它们很可能会快速下降进入通常发生韧性行为的深度。

有一个笑话在地质学专业的学生中代代相传："一个断层滑动得有多快？（一个错误能跑偏得多离谱？）"[1] 答案："大约一个晚上跑 1.6 千米。"实际上，至少对因地震而发生滑动的糜棱岩来说，这个速度有点慢。一个晚上 8 小时才跑 1.6 千米，换算过来就是大约每秒 0.06 米（如果

1 此处为双关语，"fault"在英语中既表示"断层"，也有"错误"之意。

是冬天，夜晚时间更长，这个速度就更慢)，不太符合地震速度。

另见词条：贝尼奥夫带(Benioff Zone)；角砾岩(Breccia)；假玄武玻璃(Pseudotachylyte)；断面擦痕(Slickensides)。

N

Namakier: *Salt – water = taffy*

盐冰川：盐-水 = 太妃糖

“Namakier”出自波斯语，意思是“盐的山脉”；不过，更准确的描述或许应该是“盐的冰川”。盐冰川在陆地表面以每年几厘米的速度流动，这个速度与普通冰川“不相上下”。尽管“世上的盐”（引申意思为“社会中坚”）一般是用来形容人的，但是真正的“大地之盐”说的可是岩石。

岩盐是在潟湖或其他孤立的盆地里形成的。当饱含盐分的水体蒸发到一个临界点，无法让固体继续溶于水中，导致固体析出时，包括石盐（氯化钠或精制食盐，化学式 NaCl）、钾盐（氯化钾，用作盐的替代品）和石膏（含水硫酸钙，化学式 $CaSO_4 \cdot 2H_2O$）在内的矿物，就会以结晶体的形式沉淀出来，就像特咸版的冰糖。

最开始沉积的时候，这些“蒸发”矿物比泥浆或沙子等沉积物的密度更大，因此这些沉积物可能出现在盐层上面。然而，一旦上覆沉积层也被掩埋，沉积物的间隙孔空间坍塌，它们的密度就会稳步增加。相反，结晶盐缺乏开放孔洞并且抗压缩，因此在满足一定条件的时候，特别是

N

在地球表面以下大约 1.6 千米深处，盐类所受的浮力会大于其上的岩石，其不同寻常的特质——在固体状态下黏滞地流动的能力，便显露出来。

被埋的盐变得躁动不安，会抓住一切机会让密度恢复正确的排列顺序，就像一团蜡在熔岩灯中上浮一样。盐将周围的岩石推开，制造出一些奇怪的地下建筑结构：盐丘、盐柱和盐檐。移动盐块制造的石油圈闭，是人们在墨西哥湾和其他地方进行石油勘探时的主要目标。

在特殊的地质条件下，一座被侵蚀的盐丘可能暴露在地表之上，成为盐冰川。就像真正的冰川只存在于持续降雪且足够寒冷的地区一样，盐冰川只会出现在足够干旱的地区，只有这样才能避免盐被降水溶蚀而消失。伊朗的扎格罗斯山脉就是地球上唯一存在盐冰川的地方，古老的地质产物和现代的地理特征在此汇合，创造出盐冰川——一条流动的山脉。

另见词条：德博拉数（Deborah Number）；露西泥火山（Lusi）；冰核丘（Pingo）。

N

Nuée Ardente: *Cloud with a white-hot lining*

火山发光云：火“山”烧云

“Nuée Ardente”来自法语，意思是“燃烧的云”。火山发光云是火山碎屑流，也是所有火山现象中最危险的一种。这种由翻滚蒸腾的高温气体与白炽火山灰混合而成的产物，可以每小时 112 千米的高速从火山斜坡俯冲下来，通常底部还裹挟着巨石。公元 79 年意大利维苏威火山喷发，庞贝和赫库兰尼姆两座城市都被火山发光云掩埋。最近的一些考古成果显示，许多罹难者死亡的主要原因不是研究人员原先所推定的窒息，而是极高温度导致的恐怖的血液沸腾（人被煮熟了）。

首次对火山发光云的恐怖力量进行现代科学描述的是

法国地质学家阿尔弗莱德·拉克鲁瓦（Alfred Lacroix）。他根据1902年船上目击者对西印度群岛马提尼克岛培雷火山毁灭性喷发事件的讲述完成了此次描述。这座火山是西印度群岛中三大群岛之一的小安的列斯群岛岛弧的一部分，处在一条因为俯冲作用形成的火山链上，南美洲构造板块于此处往加勒比海板块下面滑动。1902年培雷火山大喷发是有史以来最严重的火山灾害之一。

在灾难发生之前的几个星期里，培雷火山已经显示出一些苏醒的迹象：频繁冒气喷发，多次地震并诱发山崩；鸟类尸体从天而降，它们显然是因吸入火山灰窒息而死或被火山气体毒死的。蛇和巨型蜈蚣扭动着身体从火山周围的森林里爬出来，威胁着圣皮埃尔市居民的安全。1902年5月5日，浓稠的火山泥石流从山顶涌下，填满一条宽阔的河道，导致海岸附近一间蔗糖厂的20名员工身亡。3天后，培雷火山突然爆发了火山发光云。这场臭名昭著的火山发光云灾难彻底摧毁了圣皮埃尔市，在3分钟内几乎夺走了全城3万名居民的生命。

在屈指可数的幸存者中，有一个是当时被关押在地下牢房的囚犯。这个男人名叫路易-奥古斯特·塞珀瑞斯（Louis-Auguste Cyparis，也有记录为Ludger Sylbaris）。塞珀瑞斯在灾难发生 4 天后获救。鉴于他遭受了严重的创伤，他得到赦免获释。圣皮埃尔市的悲剧震惊世界，塞珀瑞斯也因此成了世界级名人，跟随巴纳姆与贝利马戏团在各国巡演，在照原样复制的“囚室”里为观众重现他的监狱生活。

培雷火山的喷发带来了持续的影响，甚至间接影响了当今的全球航运。火山喷发前夕，人们正在为中美洲运河的最佳选址争论不休。培雷火山灾难让人们认识到在火山活动频繁的尼加拉瓜修建运河是相当不明智的，最终，运河选址巴拿马。

尽管培雷火山喷发出的火山发光云带来了毁灭性的后果，但在此之后的几十年时间里，它挽救了大量生命——以这场灾难为标志，现代化、系统性的火山学研究建立起来。法国矿物学家、火山学家阿尔弗莱德·拉克鲁瓦详细地重建了火山喷发的时间线，奠定了相关研究的基础。这些研究工作在 1980 年美国圣海伦斯火山喷发之前，以及 1991 年菲律宾皮纳图博火山喷发之前，帮助人们有计划地撤离了危险地带；也在此后的其他火山事件中帮助人们及时疏散，避免了伤亡。

此外，培雷火山火山发光云留下的沉积物俨然成了罗塞塔石碑[1]。通过它们，地质学家得以解析岩石记录，重现古代火山喷发的瞬间及其前后变化过程（这是不可能实时记录的）。这些沉积物还引导地质学家识别出地质学上曾经出现的大型火山活动，这些火山活动比人类历史见证过的任何火山喷发规模都要大。例如，美国内华达州尤卡山脉（曾被提议用作美国高浓度核废料储存库），就是大约 1500 万年前的一系列大型火山活动带来的碎屑流构成的，其规模远超培雷火山爆发或任何现代火山活动事件。尽管核废料储存库项目现在无限期搁置，但这里作为核废料储存场所倒是符合了某种隐喻：毕竟这里有古老的火“山”烧云，为我们“挡住”核废料的有害射线。

另见词条：贝尼奥夫带（Benioff Zone）；火山泥石流（Lahar）；奥长环斑花岗岩（Rapakivi）。

1　罗塞塔石碑，暗喻解决谜题所需的关键线索或工具。

Nunatak: *Peaks in a blanket*

冰原岛峰：裹在毯子里的山峰

“Nunatak”一词来自格陵兰地区的因纽特语，描述的是在一片被冰川覆盖的冰原上探出头的山峰。因为北极地区很少有其他地标，冰原岛峰独特的形状长久以来都是当地至关重要的导航标志物。

冰原岛峰可能是人造产物“因努伊特石堆”（或称“指路石”）的灵感来源。几个世纪以来，北极地区的居民都用石头堆砌这种东西。位于北极圈内的加拿大努纳武特

N

地区（Nunavut）的旗帜上就绘制着因努伊特石堆标志；“Nunavut”与“nunatak”共享词根“nuna”，意思是“陆地”。“Nuna”（努纳）也是18亿年前拼合在一起的一个超级大陆的名字，加拿大地盾就在这个超级大陆的中心位置。努纳超大陆后来分裂开，其中一部分在2.8亿年前形成了潘基亚超大陆，它们也算是曾祖孙的关系了。

另见词条： 粒雪（Firn）；冰间湖（Polynya）。

Nutation: *Nodding off*

章动：跟着节拍点点头

大多数地球人，以及任何可能正在外太空观测地球的家伙，一定都很熟悉地球在宇宙中律动的基本节奏和动作编排：它每天庄重地自转，也相当沉稳地绕着太阳用一整年的时间公转。但是地球真实的运动模式有点接近土耳其回旋舞或者像一个摇头晃脑的人：当它绕着轨道旋转时，也会以不同的速度摇晃、小幅度点头和上下跃动。

“Nutation”来自拉丁语，意思是“点头”，用来描述前面提到的这种运动，即：地球自转轴稍微偏离轴位的轻微动作——这是由太阳和月球位置变化带来的引力变化以及地球质量分布不均匀共同导致的。章动比地球在10万年周期内倾斜率和轨道发生的变化（被称为“米兰科维奇旋回”）要小得多，也快得多。相较之下，米兰科维奇旋回就像打太极拳一样缓慢（有足够长时间去触发冰期）。

地球的主要章动旋回以6798天（差不多是19年）为一轮，同时地球还会进行幅度更小、频率更高的“点头”，完成一次这样的运动需要几个月或几天的时间。这些较短的旋回能反映大气和海洋的各种变化特征，其影响因素包括季节性天气变化、科里奥利力和世界环流。地球最著名的一个“舞蹈动作”是每次持续14个月的“钱德勒摆动”[1]，其出现原因是深部海床上压力的规律性波动。在极少的情况下，大型地震也会导致地球倾斜率改变，不过这种一次性的震荡导致的变化幅度微乎其微。

虽然看似不可思议，但人类已经在无意间改变了地球在宇宙中的运动。比如，一些大坝人为提高了大量蓄水的

1 钱德勒摆动指的是地球自转轴相对于地球表面的小幅度运动。

海拔高度（远高于自然蓄水的海拔高度），以致小幅减缓了地球的转动速度。此外，人类活动导致的气候变化还在继续，极地冰盖融化导致全球海平面上升，这些因素也在改变地球的章动节律。如果有个眼光毒辣的外星学者从距离地球极其遥远的地方进行观测，大概也能推断出：肯定是发生了一些事情，地球才改换了它一成不变的节奏。

另见词条：地球发电机（Geodynamo）；斯维尔德鲁普（Sverdrup）。

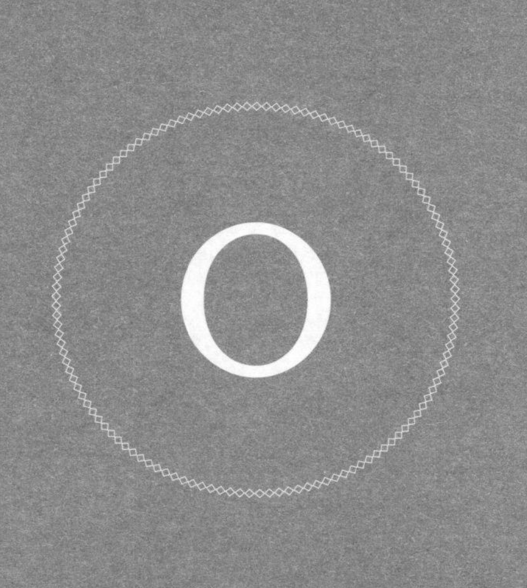
O

Oklo Natural Nuclear Reactor: *The original Manhattan project*

奥克洛天然核反应堆：最早的曼哈顿计划

一说到核泄漏这个百谈不厌的话题，人们最先想到的地名肯定是切尔诺贝利和福岛。但在这两起悲惨事故发生的 20 亿年前，今非洲加蓬境内的奥克洛就出现过一起纯自然的“核反应堆堆心熔毁事件”。这起奇异的事件发生（也只能发生）在地球历史上的一个特定阶段，即两个不相关的地球化学趋势以一种极其特殊的方式交汇之时。尽管奥克洛“核反应堆”明显是独一无二的特例，但它的故事揭示了地球作为一个整体的长期演化过程。

导致奥克洛链式反应的第一个地球化学趋势与铀的两

（奥克洛快线）

个主要同位素 ^{235}U 和 ^{238}U 不断变化的比值有关。这两种同位素都具有放射性，随时间衰变（以半衰期计算）成其他元素同时释放出射线（辐射）。但是，只有 ^{235}U 是可裂变的，也就是说，它能主动地裂变成两半，同时释放出巨大能量。现在，^{238}U 占地球上全部铀含量的 99.3%，^{235}U 则仅占 0.7%，这是由于这两种同位素的原始量和半衰期都截然不同（^{235}U 的初始量本就不丰富，并且比 ^{238}U 衰变得更快）。月球岩石和陨石中这两种铀同位素的比值与地球一致，因为月球和地球都来自早期太阳系中相同的成分。

利用铀来获取核能（或制造原子弹）需要让铀“富集”起来，保证其中包含少量（百分之几）可裂变的 ^{235}U。大约 15 亿年前，地球上原始的 ^{235}U 储量还没大量地衰变消失，那时候 ^{235}U 与 ^{238}U 的比值之高足以确保裂变链式反应发生：前提是必须有足量的铀聚集在一起。曼哈顿计划的科学家们管这种“前提”叫“临界质量”。到这里，我们地球化学才解锁奥克洛“支线剧情”。

铀在地壳岩石中很常见，特别是花岗岩（没错，你家厨房的花岗岩操作台面具有轻微放射性）。但花岗岩里的铀浓度据估测仅有百万分之几——完全达不到铀富集所需的临界质量，想把花岗岩作为产铀矿石更是无稽之谈。不过，自然界有收集这种稀有原子并将其聚合在一起的机制：岩石中的铀原子可以释放到溶液中，水流过一块块岩石的过程，就如同公共汽车让铀原子乘客不断挤上车的过程。不过，地下水只有在含有溶解氧的情况下才能让铀原子乘客上车；否则，铀原子是不溶于液体的，会一直待在石头里。

25 亿年前的大氧化事件[1]是地球历史中一等一的地球化学转折点，当时有能力进行光合作用的微生物产生了自由氧（O_2）并将其释放到大气中。在此之前，地表和地下水中的溶解氧含量太少，无法让铀从岩石中析出。一旦地表上有了氧，地球化学的“世道”就变了。地下水再流过花岗质岩石时，就能得到相当多的铀，并将它们带走。但是，如果因为某种原因，地下水中的溶解氧含量降低到某个点，溶于水中的铀就会被一股脑地释放出来，就像满载的公交车到了终点站，所有乘客一起下车。

奥克洛的天然裂变反应堆出现的时机转瞬即逝，发生反应之时必须保证：① ^{235}U 与 ^{238}U 的比值没降到富集值

1　大氧化事件指的是约 25 亿年前，大气中的游离氧含量由一个极低的水平迅速升高的事件。该事件使表生矿物种类激增，环境温度也发生了变化，推动了地球上生命体的演化。

以下；② 大气中的氧气含量升高，高到地下水能置换出可满足临界质量要求的足量铀元素。满足上述条件时，一些 ^{235}U 原子同时在水中分裂，释放出高能中子去击打其他 ^{235}U 原子，引起它们裂变以及其他种种反应，这才能触发天然的核反应。岩石间的地下水显然起到核能工厂中“慢化剂”[1] 的作用，防止核反应过强导致大爆炸。

我们在现代通过分析奥克洛的铀同位素浓度和 ^{235}U 的裂变产物浓度，可以将奥克洛核事件详细地还原出来。这个天然核反应堆是 1972 年由一名法国核物理学家首先发现的。他注意到，相比于其他已发现的铀矿石，从奥克洛开采的铀矿石中 ^{235}U 与 ^{238}U 的比值是最低的，甚至比月球岩石和陨石的还要低。他意识到，造成这种现象的唯一原因只能是大量的 ^{235}U 在天然链式反应中被消耗了。

随后对奥克洛进行的研究显示，这种核反应过程在矿体的不同位置多次发生，且在几万年的时间里断断续续地发生着。目前人们还不知道核反应对当时的活体有机生物有怎样的影响，毕竟元古宙早期的生物全都是微生物；不

---

1 慢化剂，又称中子减速剂，通常为石墨或“重水”。慢化剂是为了保证核裂变反应进行而加入反应堆的一种物质，用途是减慢中子运动速度。

过，那个地方当年肯定热得难受。此外，核反应产生了大量迅速衰变的同位素，它们的辐射应该会破坏细胞中的DNA。

尽管目前人们还没有发现其他类似的核链式反应证据，但世界上其他地方在这一奇妙的地质变迁时期，很可能也出现过这样的“天然核反应堆”，只是证实其存在的证据可能由于侵蚀、掩埋、俯冲作用而不复存在了。奥克洛不只是一个地质奇观，也是地球漫长而复杂的自传中的一个锚点，我们沿着它可以找到一条条穿插交错的故事线，这些关于地球化学、水文学、生物学和构造的故事，在漫长的地质年代中徐徐展开又交错映照。

另见词条： 阿卡斯塔片麻岩（Acasta Gneiss）；地槽（Geosyncline）；锆石（Zircon）。

Ophiolite：*Crocodile rock*

蛇绿岩：鳄鱼石

蛇绿岩名称的字面意思是“毒蛇石”。蛇绿岩不是一个单独的岩石类型，而是一种独特的岩石组合，常见于造山带内部。尽管早在 19 世纪初就有地质学家对蛇绿岩做过描述，但直到 20 世纪 60 年代末，它的形成之谜才被人们破解。“Ophiolite”这个词是法国博物学家亚历山大·布隆尼亚尔（Alexandre Brongniart）在 1820 年前后创造的。这位科学家的本职工作是研究爬行动物，难怪他看什么都像爬行动物，甚至阿尔卑斯山高海拔地区被积雪覆盖的大

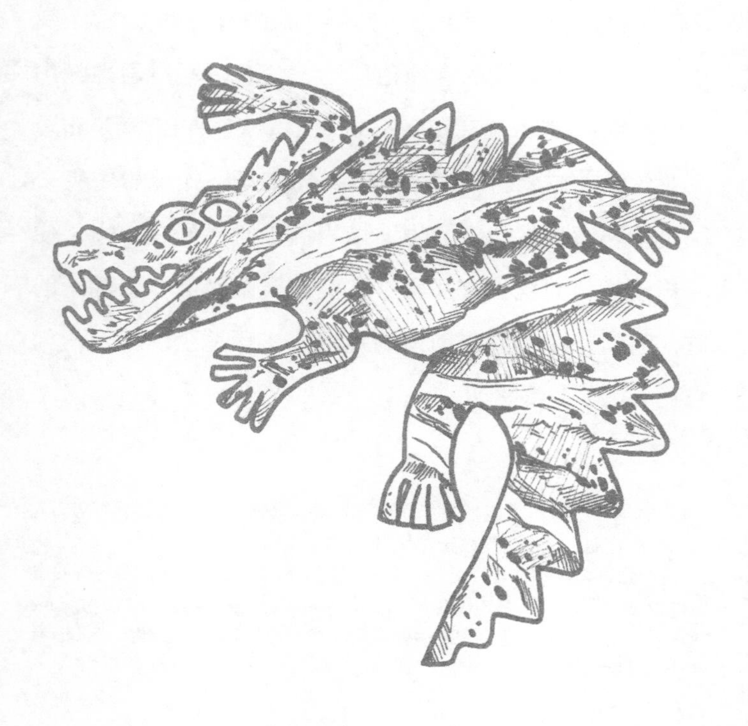

石头在他看来也活像“四脚蛇”。不过，布隆尼亚尔并不是唯一把蛇绿岩认作爬行动物的人，英国康沃尔郡的蜥蜴半岛[1]就是另一个举世闻名的例子。

蛇绿岩包括橄榄岩，后者是地球上最丰富的岩石，大部分地幔就是由它构成的。当橄榄岩接近或冒出地表的时候，它相当于远离了自己的“热力舒适区”，很容易与水和二氧化碳反应，形成新的矿物。通过与水的相互作用，橄榄岩在地面以上的部分（很少有特例），都会变成亮闪闪、滑溜溜的深绿色矿物，令人情不自禁地喊出那个名字：“蛇纹岩（serpentine）[2]。”这很可能就是布隆尼亚尔给“蛇绿岩”命名时的灵感来源。蛇绿岩中另一种典型岩石是枕状玄武岩。熔岩溢出时恰好在水里，便冷却成球状的枕状玄武岩。它们的样子也像一团翻滚的蛇，因此布隆尼亚尔创造的蛇绿岩术语（至少就这两种岩石来说）非常贴切。

1　蜥蜴半岛，即利泽德半岛，位于不列颠岛最南端，康沃尔郡西南部。该岛景色壮丽，绿色的蛇纹岩尤其引人注目。

2　蛇纹岩，由超基性岩经低 - 中温热液交代作用，使其中橄榄石与辉石发生蛇纹石化所形成，多为绿色调。英文中 serpent 是“大蛇”的意思，-ine 加在人名或物品名后面有表现可爱亲昵之意。此处也可以理解为，人们看到这种绿色矿物就会觉得像“蛇蛇岩石”。

蛇绿岩中含量位列第三的就是燧石，它是二氧化硅（SiO_2）的细粒晶体，与矿物石英具有相同的化学组成。大多数石英最早都是火成岩“修炼”而来的，燧石则完全不同，它是一种沉积矿物，通常由微小的真核生物（尤其是放射虫和硅藻）的有机质壳体构成。这些微小矿化物的微粒几乎没有任何来自陆地的成分，它们也是“海底沉积物”的主要组成部分。它们飘飘洒洒，最终沉降到海床，形成了颤巍巍的“深海软泥”，最终固化成燧石。

这奇怪的“三剑客”岩石套装——地幔橄榄岩、海底玄武岩和富微体化石的燧石——出现在世界各地的山脉中。这一事实引起了德国地质学家古斯塔夫·施泰因曼（Gustav Steinmann，1856—1929）的注意。（更巧的是，他的姓“施泰因曼”就是“石头人”之意。这位地质学家可谓“主格决定论”的正面案例，即人们在选择职业的时候，经常会受到自己姓名的暗示。）本来没道理凑在一起的三种岩石因为组成了“施泰因曼三位一体”而引来大量关注。但在那之后几十年的时间里，依然没有人能解释为什么这三种岩石能凑到一处，最后还一起“溜达”到高高的山脉上。

英国地质学家伊恩·加斯（Ian Gass），花了多年时间研究塞浦路斯一组名为“特罗多斯高地”的蛇绿岩，终于在 1968 年证明该蛇绿岩的前身很可能是古老的海洋岩石圈[1]。这包括海底地层、整个地壳以及上地幔的一部分，它们冲上陆地，这才能让地质学家有机会对这一奇观啧啧赞叹，就像看见难得一见的深海怪兽似的。加斯对特罗多斯高地蛇绿岩特征的观测与分析，让很多在此前对“海底扩张假说”持怀疑观点的现代地质学家转变了看法。“海底扩张假说”是人们在更早以前根据非直接观测证据得出的理论，可惜那时候还没有一手证据（另见词条“榴辉岩”对这一现象的描述）。

位于世界其他地区（包括瑞士、阿曼、新西兰和加拿大纽芬兰岛）山脉上的蛇绿岩随即被赋予了全新的意义。人们这才明白，蛇绿岩是已经消失的大洋仅存的痕迹。正常来说，在大陆碰撞发生前，这种“曾经的大洋”就被俯冲作用吞到地表之下了。如今，地质学家仍然在激烈讨论，想搞清楚为何有些大洋岩石圈抗拒命运、没有被俯冲吞没。话说回来，布隆尼亚尔也确实看走眼了：蛇绿岩其实更像两栖动物而不是爬行动物——毕竟它诞生在水下，

1　岩石圈指的是相对于软流圈而言的坚硬的岩石圈层，包括地壳的全部和上地幔的顶部，主要由花岗岩、玄武岩和超基性岩构成。

后来才出现在陆地上。

由于橄榄岩中镁、镍和铬的含量极高，橄榄岩风化而成的土壤对大多数植物而言都是有毒的，因此有蛇绿岩分布的地方通常十分荒凉，地貌呈现出一种异世界的样子。不过，它们不寻常的化学成分倒是有助于减少大气中越来越多的二氧化碳：这些远离其诞生地的地幔岩石，可以快速吸收任何溶解在雨水和地下水中的二氧化碳，并将其锁在新生成的矿物如菱镁矿（主要成分为碳酸镁，化学式 $MgCO_3$）中。不少地球科学家正从事相关研究，希望将其发展成一个长期固碳策略。这个方案最大的难点在于如何将大量的浓缩二氧化碳运到蛇绿岩所在的偏远之地，然后让这些“蛇蛇岩石”把二氧化碳全部吞下肚。因此，目前为止，最好的减碳方案仍是我们人类控制自己的碳排放“胃口”。

另见词条：贝尼奥夫带（Benioff Zone）；榴辉岩（Eclogite）；金伯利岩（Kimberlite）；科马提岩（Komatiite）；莫霍面（Moho）。

Panthalassa: *Oceans of time*

泛大洋：时间之海

作为生活在陆地上的生物，我们倾向于将世界看作被海洋环绕的陆地，但实际上海洋与陆地是交织在一起的。因此，尽管你很可能熟悉形成于古生代晚期、裂解于中生代的泛大陆（也叫潘基亚超大陆，可简单理解为“全部陆地”），但你或许从来没注意过，在潘基亚超大陆存在的同时，世界上还存在另外一个部分——泛大洋，即“全部海洋”。

抛开人类对大陆固有的偏心，我们在重建地质历史上的“全球古地理”时，也天然地以陆地为中心，这主要是因为大陆和海洋下面的地壳物质之间存在着根本差异。笼统地讲，大陆地壳是由花岗岩组成的（当然，究其细节，各部位成分复杂多样），而花岗岩可以存续几十亿年。所有现代大陆都有一个核心的稳定部位——“地盾”，它形成于 25 亿多年前的太古宙。与之形成对比的是，海洋地壳很少能在地表存续超过 1.8 亿年。海洋玄武岩在海底火山裂缝（洋脊）中诞生，由白炽的熔岩构成。终其一生，它除了安静地冷却和收缩，几乎什么都不做。事实上，所有海洋地壳的命运都已注定：要么是（由稳定增加的密度导致）俯冲，要么就被缓慢地再同化混染进入地幔（生成它的地方）。唯一的例外是蛇绿岩，这种洋壳板片绝不屈从于“注定的命运”。

由于陆地和海洋这两种类型地壳的预期寿命相差悬殊，描画大约 2 亿年前的古地理图就如同拼图游戏——但是有三分之二的拼图片不见了。古老大陆的位置是可以通过反映特定气候的诊断性化石组合、全球不同位置岩石序列的相似性、古老山脉地带的连续性和富铁岩石的古地磁信号（这个方法可以提供它们形成地点的纬度信息）推断出来的。

然而，与古大陆同时期的海洋几乎没有留下任何证据，人们只能推测它们存在与否。不过，人们知道它们确实存在过，甚至还给它们颁了“谥号”。伊阿珀托斯就是这样一片“幽灵之海”，它存在于大约 6 亿 ~ 2.7 亿年前，但并没有像泛大洋那样横跨完整的半球。伊阿珀托斯大洋通过俯冲作用将自己封闭起来，形成了潘基亚超大陆。它还是现代大西洋的祖先，因此人们用希腊神话中的大力神阿特拉斯之父伊阿珀托斯的名字为它命名。地中海也是古海洋的残存部分，这片巨大的古海洋名为特提斯（泰坦神话中的海之女神）。阿尔卑斯山脉、喀尔巴阡山脉和喜马拉雅山脉就是标志特提斯洋壳被俯冲消耗的位置。

从最初的形成到最后的裂解，超级大陆的生命周期有 5 亿 ~ 7 亿年；潘基亚超大陆之前是罗迪尼亚超大陆（巅峰时期在大约 10 亿年前），更为古老的是努纳超大陆（约 18 亿年前）。每个超级大陆应该都有与它互补的“超级海洋”，这意味着泛大洋也只是无数海洋祖先中距离我们最近的一个。那些海洋祖先被不知名的环流搅动，被来去无痕的飓风折磨，却也为满目疮痍的生态系统注入了生机。

正如英国科幻小说家阿瑟·查尔斯·克拉克（Arthur C. Clarke）所言：“我们把这颗星球命名为地球是多么不合适，这里明明全是海洋。”

另见词条： 阿卡斯塔片麻岩（Acasta Gneiss）；贝尼奥夫带（Benioff Zone）；花岗岩化（Granitization）；蛇绿岩（Ophiolite）。

Pedogenesis: *Dirt rich*

成土作用：泥土暴发户

“Pedogenesis”一词的发音听起来与“脚气”（Dermatophytosis）有几分相似，又好似与“小孩”（说不定还是希腊神话里的）有些关系[1]。其实，成土作用指的是一种渐进的土壤形成过程，它也许是地球最复杂却也最不起眼的发明创造。

有观点认为，人类有可能“将某些行星地球化以适合人类居住”。这种构想总能激发公众的想象力：想想吧，一个绿色的火星！这简直就是伊甸园、美国西部拓荒和《星际迷航》等神话和科幻故事的混合体。要是“我们真的搞砸了”，还有一个星球给我们当“备胎”该多好！可是，就算我们可以在一个新的星球上居住并耕作，人还是人，和当年因为“瑕疵”被赶出伊甸园的生物没差别。随之而来的另一个小问题就是，到时候没有土壤可怎么办。这里的“土”指的是“有效地”，也就是泥土。有了它我们才有新的乐园。

1 Pedo- 这个词缀，在英语单词中有“小孩、儿童”之意。

倡导地球外殖民的人们根本不理解的是，我们对地球家园的许多“便利设施”早已习以为常，但历史和居住环境都不同于地球的其他星球没有这些东西，特别是土壤。土壤是充满地球生气的混合物，包含活着的、活过的生物以及曾经是岩石的物质，它们都处于腐化或被分解的各个阶段。在执行阿波罗计划期间，NASA 有时会用单词“soil”（土壤）去描述月球表面粉碎的岩石形成的粉末状外层，它是 40 亿年前陨石轰炸的产物。（在第一次载人登月之前，这种“石粉”未知的物理性质一直令人们忧心忡忡。NASA 的一些工程师担心登月舱可能会陷在里面出不来。）但是，将这种经震动爆炸形成的无菌物质称为“土壤”，无异于砸碎冰块，然后告诉顾客这就是你在卖的

“丝滑意大利奶油冰淇淋”。

在真正的土壤中，主要的矿物成分是黏土。黏土是火成岩——特别是花岗岩（地球独有）随时间推移，被丰富的液态水（地球独有）加上各种有机酸（看到这里，你应该已经很熟悉这个过程了）经过风化形成的。至于究竟需要多长时间才能把原始的火成矿物裂解成可耕作的土壤，则依赖于气候、侵蚀速率和其他诸多因素，不过保守估计至少需要一千年。

黏土中所含的矿物简直可以组成一个大家族，其中的主要化学元素有：铝（Al）、硅（Si）、氧（O）和氢（H）。岩石一旦经历了长时间的暴露，其中更加易溶的元素如钙（Ca）和钾（K）被雨水带走，之后留下来的残余物就成了黏土。典型的黏土矿物都以微小晶体的形态出现，所以它们拥有较大的表面积，并且上面布满未结合的原子，这让它们很容易发生化学反应。

从分子尺度上来讲，黏土可以被分成富硅的层（“面包”）和富铝的层（“花生酱”），各类黏土矿物的区别主要在于这些层的组织方式。比如高岭石（也称“高岭土”），即用于制作瓷盘和瓷砖的白色“陶瓷土”，其晶体结构就像一摞开放式三明治；而其他大多数黏土——包括通常用作盆栽土的蛭石，则更像一打普通的封闭式三明治。这些三明治的“盖”还能进一步细分，分类标准是“面包片”是否相互接触或者能否被水分子层泡涨（就好比真正的三明治放得久了，面包片变得湿乎乎的）。黏土矿物中吸水能力最强的是蒙脱石或膨胀土，它们的扩张和收缩甚至可以严重破坏道路和建筑的地基。黏土种类、沙子或者岩石碎屑以及有机质的特殊组合，都是某个区域的地质、生物和水文历史的宝贵遗产，它们让每种土壤都具有了独特的质地或“土壤耕性”。

尽管没有两种土壤是完全一样的，但土壤学家还是为土壤制作出详细的分类体系，试图给纷乱繁多的土壤种类增添一点秩序。美国农业部有一个类似林奈分类系统的土壤等级分类体系。在该系统中，土壤被划分成土纲、亚纲、大土类、亚类、土族、土系。一共有 12 个土纲，其中包括如蜜般流动的“暗沃土”（柔软而富含有机质的深色土壤，典型代表为未受侵扰的草原土壤）和未成熟的“始成土”（与母岩差别不明显）。在每个次级分类中，这些土壤名字会增加形容词和前缀，创造出仿佛“世界语”一般的新词汇，如：“thaptohistic cryaquollic mollisol”（埋藏有机 – 寒性潮湿软土）。人们当然不能期望成天在泥里滚的人成为严谨的语言学家，所以美国农业部在自己的土壤分类学网站上，提供了一个带词源注释的土壤分类术语实用发音指南。

虽然大多数土壤学家的研究重点是现代土壤，但针对古老土壤的研究也成了一门较新的分支学科。“paleopedology”（古土壤学）这个词发音冗长，但是它和“old”（老）、“pedo-”（小孩）、脚丫子（发音像“脚气”）都没关系。古土壤学家发现，我们现在所知的土壤其实“最近”才出现在地球的地质景观中；而在大约4.5亿年前的奥陶纪——第一批植物和真菌登上陆地之前，土壤是薄薄的，多石头的，很容易被河流冲走。由于植被缺乏，土壤里也不会被根系钻出通道。在前寒武纪的大部分时间里，大气中的二氧化碳占主导地位（和火星差不多），土壤的化学性质是酸性的，很像外星物质——这时候就连地球本身都还没有完成所谓的“地球化”。

地球的泥土“配方”是花了几十亿年才“研发”出来的，不太容易在其他星球上复刻。我们应该铭记：土壤是神秘、充满奇迹、携带着生命的神圣之物——即使它们出现的方式是黏在小孩的脚上被带进屋里。

P

另见词条：紫水晶（Amethyst）；火星学（Areology）；地球发电机（Geodynamo）；风化花岗质砂岩（Grus）；奥克洛天然核反应堆（Oklo Natural Nuclear Reactor）。

Pingo: *Young as the hills*

冰核丘：小丘转瞬即逝

像“Nunatak”一样，“Pingo”也来自因纽特语，指的是一种独特的极地地貌——一个“短暂存在的冰核小丘”。对我来说，这个名字听上去更像拟声词，叫一声“pingo”，就能唤起某个冰核小丘的好奇心，驱使它从地上钻出来探查一番，紧接着又缩回去。

在极地湿地，一般来说，当水冻结、体积膨胀并导致其上覆的土地拱起来时，就形成了一个冰核丘。冰核丘随着季节起起落落：就像地里长出来的巨型鸡皮疙瘩，到了寒冷的冬天就出现，到了温暖的夏季就消失。冰核丘还有另一种速度更慢的形成机制：地下水升压、水位升高并冻结，制造出一个冰障，冰障又反过来导致地下水的水压变得更高。这是个正向反馈过程，也可以说是地下水版本的

“雪球效应”。这种类型的冰核丘每年会增长几厘米到几十厘米不等，并且能存续几个世纪。令人悲伤的是，由于全球气候变暖，在不久的未来，所有种类的冰核丘可能都会灭绝。

另见词条： 冰湖溃决洪水（Jökulhlaup）；露西泥火山（Lusi）；冰原岛峰（Nunatak）；冰间湖（Polynya）。

P

Pneumonoultramicroscopicsilicovolcanoconiosis: *Ashes, ashes*

火山硅肺病：尘归尘，土归土

作为一件行为艺术大作和一个专业术语，“火山硅肺病”指的是一种由吸入火山灰（本质上是微小的玻璃碎片）导致的致命肺部疾病。

典型的岩浆是一种三相混合物，其中不但有熔融的岩石，还包含一些晶体和溶解气体。当岩浆上升且接近地球表面变成熔岩时，气泡从熔岩中出溶[1]，类似开香槟时气泡迸发的样子。最初，这形成了热泡沫，它可以生成浮岩；但是如果气泡扩张非常快速，那么整个岩浆体会被吹散，形成火山灰。在显微镜下可以看到，单个的火山灰颗粒通常具有微小的三角形和凹面形状。这个有尖刺的独特形状反映了它们产生于泡沫之间的空隙，这种形状也让火山灰对肺部具有极大的破坏力。

一旦掌握了这个单词的发音，人们自然而然就会寻找机会看似不经意地说出“pneumonoultramicroscopicsilicovolcaniconiosis”（火山硅肺病），并将它融入日常交谈之中。例如，“嘿，你听说了吗？是什么东西杀死了内布拉斯加州火山灰化石床国家历史公园的所有中生代犀牛？”有一年夏天，在加拿大北极圈内的埃尔斯米尔岛的一个

1　出溶，又称脱溶、离溶、解溶，指由单一均匀相的固溶体离解为两种或多种结晶相，因温度降低或压力增加导致固溶体的溶解度降低达到过饱和而发生。

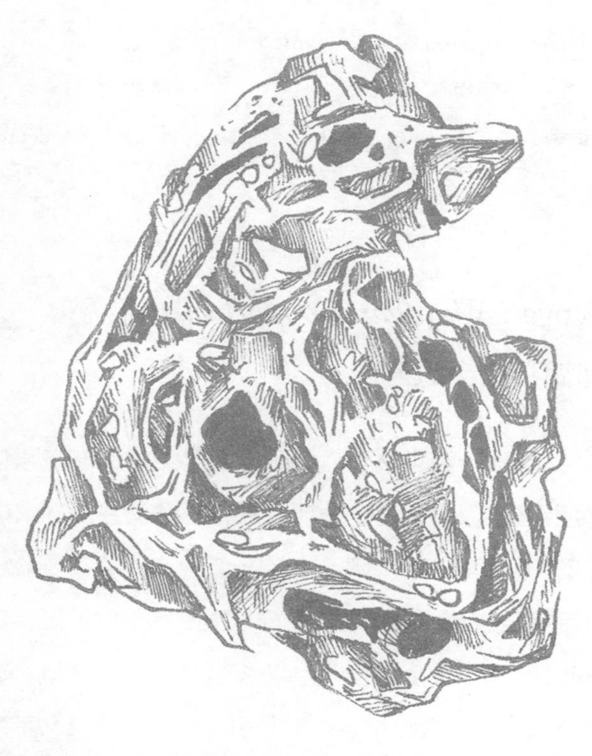

P

偏远宿营地，为了打发时间，我和地质学同事们尝试举出可能最令人困惑的无线电字母表——用一些完全不切实际的单词来替换标准字母单词，比如用“Alpha-Bravo-Charlie-Delta-Echo”来表示ABCDE，诸如此类。我们为字母G、K和N准备的单词是“Gnu”(角马)、“Knew”(知道)和“New”(新的)；至于字母P，当然是用“pneumonoultramicroscopicsilicovolcaniconiosis”。

另见词条：杏仁孔（Amygdule）；火山发光云（Nuée Ardente）。

Polynya：*Window of opportunity*

冰间湖：机会的窗口

“Polynya”源自俄语，意思是“罕见的、被海冰包围的开放水体”。冰间湖是一种由风和上升流共同导致的特殊地质现象，可以持续几十年。一直以来，它都是北极地区居民重要的食物来源地。在一个生物稀少的地区，这些地方就如沙漠中的绿洲，是生物多样性的热点区域。冰间湖中丰富的浮游生物和磷虾群吸引了鱼类，鱼类又带来了鸟、海豹、海象和北极熊。

在名为“雪球地球”的深冰期（或称成冰纪，8.5亿~6.35亿年前），赤道上都有冰川，世界所有海面都结了冰，冰间湖可能是光合作用生物可以栖息的唯一地点，就像欧洲黑暗时代的修道院，只有那里还保留着仅存的文化火种。

如今，由于全球变暖，北极海冰在减少，一种矛盾的现象出现了：冰间湖一边在增多，一边在不断消失。如果没有“极地对手”，即包围它们的冰，冰间湖也无法存在。

另见词条：成冰纪（Cryogenian）；冰原岛峰（Nunatak）；冰核丘（Pingo）。

Porphyry: *All crystals great and small*

斑岩：无论大小，都是晶体

斑岩是一种火成岩，其中含有大块的晶体叫“斑晶”（典型的是块状长石），这些大块晶体会待在其他矿物组成的细粒基质中。“斑岩”一词来自希腊语，意思是“紫色的”，不过大多数斑岩并不是紫色的。但紫色在过去是一种象征着高贵的色调，从埃及（主要靠奴隶）开采出来的紫斑岩会被直接进献给罗马帝国的精英集团，主要用来制作万神殿的镶板、石柱、雕塑和帝国各地竖立的纪念碑。罗马帝国崩溃以后，这个词历经几个世纪流传至今。不过“porphyry”这个术语现在被我们拿来描述一种岩石结构，而不是一种颜色。

就大多数火成岩来说，晶体的大小与它们在岩浆中冷却的速度成反比。如果熔融的岩石在地下缓慢冷却，与寒冷的表面环境相隔绝，晶体就有足够的时间长大。岩浆的成分可以让它生成粗颗粒岩石（比如花岗岩或辉长岩），其中的晶体肉眼可见。但是，如果岩浆喷发到地表并变成熔岩，它的冷却速度会快得多，之后可以形成细粒的结晶岩石，比如流纹岩或玄武岩。如果突然发生淬火现象，那

么熔岩就会形成非晶质或玻璃质岩石，即黑曜岩。

由于两种结晶颗粒大小完全不同，依照这种逻辑来判断，斑岩的存在似乎就是自相矛盾的。大号的斑晶断言："我们是慢慢地长大的。"细粒矿物却说："我们根本没时间长成形！"事实上，两种晶体说的都是真话，而这反映了岩浆固化的另一重微妙事实：不同的矿物是在不同的温度条件下从岩浆中析出的，这种现象叫作"分离结晶作用"。具有最高结晶温度的矿物（之后会成为斑晶）将最先成核，永远比那些只能在更低温度中形成的晶体（形成均质的基质）抢先一步。

如果用某种独特的方式来解读，紫斑岩的火成岩结晶过程可以视为古罗马帝国阶级差异的一种隐喻。我们只要仍在使用古罗马的词汇给石头命名，对其中遗留下来的文化糟粕便无法视而不见。

另见词条：花岗岩化（Granitization）；假玄武玻璃（Pseudotachylyte）。

Pseudotachylyte: *Hot flashes*

假玄武玻璃：火热闪光

“假玄武玻璃”（Pseudotachylyte）指的是“在地震过程中，沿着一条断层摩擦熔化产生的暗色、玻璃质岩石脉体”。这个术语完全没必要如此复杂，就连经验丰富的地质学家也会在解释它的时候皱起眉头。单词的前缀“pseudo”的意思当然是“虚假的”或者“不是真的”，但是几乎没人知道后面的“tachylyte”（玄武玻璃）到底是什么东西。碰巧，“tachylyte”是一个使用频率很低的术语，指的是玄武质黑曜岩（火山玻璃）。与此相反，假玄武玻璃显然不是在火山岩中发现的，人们也知道它并非因火山活动而形成——事实上它们甚至不是在地表上形成的。

虽然名字有点傻，但是假玄武玻璃携带着重要信息，它能告诉我们在地震的初始位置（震源）到底发生了什么。大多数地震通常始于地表下至少 4.8 千米深处的断层，当其中一部分断层滑动时，就会发生地震。现代地震监测网络可以立刻捕捉并分析破裂地点释放出的地震波，但无法直接观察某一次地震发生过程中沿着断层出现的物理变化过程。

人们在断层带还发现了许多其他类型的岩石，比如角砾岩和糜棱岩，但是这些不是地震过程中断层滑动的必然产物，它们可能是在断层上以每年几厘米的速度缓慢地移动、因非地震成因的蠕变形成的。但是，形成假玄武玻璃的摩擦熔化需要有一次突然的、局部的温度峰值，只有地震造成的滑动才能达到这种速度，即：每秒几米或者更快。因此，假玄武玻璃是“化石化的地震”，提供了（住在地表的人类见不到的）罕见的地下过程“目击实录”。

另见词条：角砾岩（Breccia）；糜棱岩（Mylonite）；断面擦痕（Slickensides）；扭梳纹（Twist Hackle）。

Rapakivi：*Oddballs*

奥长环斑花岗岩：怪球

“Rapakivi”是一个悦耳的芬兰语单词，表达的却是一种“有味道”的意思：风化岩石（直译为腐烂发臭的岩石）。地质学家用这个术语描述奥长环斑花岗岩的独特质感。芬兰南部出产的这种花岗岩最为出名，远销世界各地（商品名通常为“啡钻麻石”），可用来制作石质外立面和厨房工作台。你肯定见过这种岩石，它与芬兰玛莉美歌设计工作室出品的时尚产品一样醒目有型——与它不那么迷人的芬兰名字形成了鲜明的对比。

大多数花岗岩含有块状的、紧密连接的粉红色钾质长石（正长石）和白色钠质长石（钠长石）晶体，并点缀着黑色的普通角闪石和黑云母。奥长环斑花岗岩中也含有同样的矿物，但它们的组合方式非常奇特：长石几乎呈现完美的圆形。大块的粉红色正长石位于中心，被窄小的白色钠长石形成的“光环”包围。黑色普通角闪石的微粒则大多以同心环带的排列方式出现在粉色的内部。将这种岩石切割并抛光后可以看到，其横截面上的图案就像一堆大号弹珠或硬球糖。唯一能与它的名字中

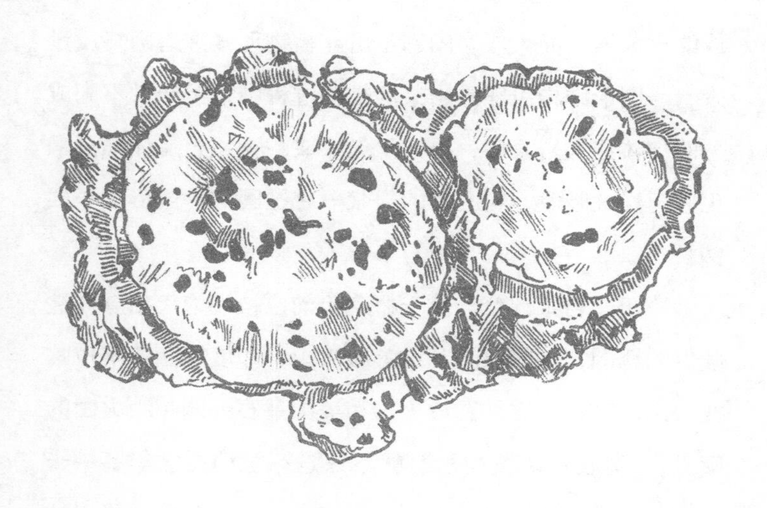

“腐烂”之意扯上关系的是：如果奥长环斑花岗岩在波罗的海地区且于冬季长时间暴露在外，那么气候条件很可能会导致晶体的球形图案在受到侵蚀后破碎。

人们还没有完全搞清楚奥长环斑花岗岩这种惹眼的特征是如何形成的，但它必定与岩浆不平衡有关。长石受其分子结构的影响，正常情况下会形成有棱角的、平面的片状晶体 [orthoclase（正长石），意思就是“直挺挺地断了”]。奥长环斑花岗岩中，长石接近球型的形状表明其棱角可能被什么东西磨掉了。如果奥长环斑花岗岩是沉积岩，那么磨损可能是物理剥蚀导致的；但它是从熔体中形成的火成岩，而火成岩内部不可能被物理侵蚀磨圆。反过来看，圆形结构可能是岩浆房结晶过程中，另一种不同成分的熔体注入岩浆房，导致早先形成的正长石晶体部分融化并再次被吸收，和之后的岩浆一起在圆形外侧形成一层钠长石。

鉴于“岩浆混合”这一概念目前已被视为火山爆炸性喷发的诱因，例如意大利维苏威火山、印度尼西亚喀拉喀托火山、菲律宾皮纳图博火山和美国黄石公园超级火山的喷发，“奥长环斑花岗岩”就不只是芬兰地质学年鉴中一个晦涩难懂的词条了。花岗质岩浆富含二氧化硅，所以特别黏滞，如果不受干扰，它们很可能直接就在地表下固化了。只有温度更高的玄武质岩浆从后面“踹它一脚”，它才能动起来并造成灾难性的后果（火山爆炸性喷发）。奥长环斑花岗岩试图用它们奇怪的圆形晶体球，向我们讲述爆炸之前岩浆房中发生的一切。

另见词条：花岗岩化（Granitization）；风化花岗质砂岩（Grus）；火山发光云（Nuée Ardente）。

S

Scree: *Slippery slopes*

岩屑堆：注意“滑”坡

“Scree”源自古诺尔斯语[1]，意思是“滑动”或“滑行”。岩屑堆泛指在悬崖或山脉的一侧松散堆叠而成的岩石堆。有岩屑堆的斜坡可能非常危险，因为岩屑堆里的碎石经常是以静止角堆积起来的。静止角是颗粒状物质保持静止不动的最大倾角，角度介于30°～40°之间；更有意思的是，这个角度区间不受堆叠物体积大小或组分的影响：盘子里的一小堆糖块和山坡上的一堆巨石，它们的静止角最大值都是一样的（大约35°）。然而，单块岩石的形状是影响静止角大小的决定性因素，它会影响碎块交错的方式，从而影响摩擦力。比较常见的例子是：尖锐的、表面破裂的碎块比没有棱角的碎块更容易堆出陡峭的坡度。

尽管“静止”（即静止角中的“静止”）代表的是一种平静稳定的状态，但处于静止角的岩屑堆实际上摇摇欲

1　古诺尔斯语是印欧语系日耳曼语族分支，包含了古冰岛语和古挪威语，通行于斯堪的纳维亚地区。

坠：每个部位都处在动与静的临界点上，任何干扰都会引起一连串的力学变化，直至平衡的静止状态得以恢复。在一些情况下，一个缺乏危机意识的徒步旅行者跨出的一步就可以诱发各种规模的山崩，崩塌可能就发生在他脚下，更危险的情况则是发生在他的上方。

岩屑堆固有的不稳定性并非一无是处：如果这种铺满斜坡的碎石只是几厘米的小块，那么人们就可以玩一种名为“靴子滑石”的刺激游戏。这个游戏在地质学家中代代相传，是野外考察时不为外人所知的乐趣：一边尖叫着，一边从花费几个小时才能攀到顶的山上滑下去，几分钟内就降到山脚。

另见词条：角砾岩（Breccia）；风化花岗质砂岩（Grus）；成土作用（Pedogenesis）。

S

Skarn: *A slow roast*

矽卡岩：慢火烘烤

尽管听起来像维京海盗的晚餐菜式，但“Skarn”其实是古老的瑞典矿业行话，特指一种变质矿物的混合物。矽卡岩必须具备某些特定成分，但是地质“厨房”各有差异，很少能两次端出成分完全一致的“菜式”。

想要得到一块典型的矽卡岩，你需要使用大致等量的一份富黏土岩石（比如页岩）和一份碳酸盐岩（比如石灰岩或白云岩）；还需要准备一个热源（比如一团花岗质侵入体）。让滚烫的岩浆烘烤沉积岩，将烘烤时间调至数千年或上万年。一旦温度达到大约 430 摄氏度，沉积岩就会释放它们在地球表面获得并储存在矿物中的挥发物：富黏

土岩石排出水，碳酸盐岩呼出二氧化碳。（加热碳酸盐岩来“烤制”矽卡岩会释放温室气体，但是其释放量相比每年生产混凝土而烘烤石灰岩生成的温室气体量要少得多。）到了这个阶段，这些游离状态的流体相会反过来在岩体周围重新分配可溶元素，从而生成一个全新的、与原始物质成分完全不同的特殊矿物组合。

这个过程结束之后，你的矽卡岩中可能已经添加了铜、铅、钼、钨和锡等“各味调料”；不过有时候，特别是在烘烤不完全的情况下，你的“大菜”只能以收获滑石粉而告终。另外还得当心，千万别弄出来一种叫作“透闪石”的“怪味菜”，这是一种危险的石棉。如果你足够耐心，尝试使用更高的温度，还有机会“制作”出许多其他的稀有矿物。

20 世纪 30 年代，华盛顿特区卡内基研究所地球物理实验室的诺曼·鲍温通过实验，得出了矽卡岩随着温度升高而形成不同矿物的顺序及规律。他也对花岗岩的起源做了开创性的研究，破除了“花岗岩化”这一错误观念。鲍温在位于华盛顿的实验室里“烘烤”矽卡岩时，有感于时局日艰，发明了一种神奇的矿物记忆法。它既是强有力的政治表态，也是矽卡岩矿物出现的顺序：从透闪石、镁橄榄石、透辉石、方镁石、硅灰石、钙镁橄榄石、镁黄长石、灰硅钙石、镁硅钙石和硬柱石的写法中各取几个部分，连起来就成了简短的诗句："颤抖，因为可怕的祸害横行，因为骇人的行为践踏着仁慈的法则"（Tremble, for dire peril walks, monstrous acrimony spurning mercy's laws）。

当然，鲍温在此处指的是希特勒和他的军队，但是这句话也可以评价人类历史上任何时代残忍无情的掠夺者。

另见词条： 阿卡斯塔片麻岩（Acasta Gneiss）；紫水晶（Amethyst）；榴辉岩（Eclogite）；花岗岩化（Granitization）。

Slickensides: *Science friction*

断面擦痕：科学"魔"擦

S

"Slickensides"在英语中是一个拟声词，指的是古老断层表面的条状痕迹或擦痕。地质学家自 18 世纪晚期开始使用这个单词，它颇有几分滑稽感，简直称得上最佳地质绕口令术语。

就像美国老西部片里经常有人给警长指路"他们往

那边跑了”，断面擦痕指出了断层滑动的方向。它们分为几种各具特色的类型，反映出断层不同的滑动过程。一些断面擦痕出现在高度抛光甚至锃亮的岩石表面，看起来很像划痕或沟槽，它们属于岩石表面与某个断层磨蚀而成的产物。另一种“痕迹”，更准确地说，另一种“擦痕晶体纤维”，指的则是一组拉长晶体（通常是石英或者方解石）在断层表面呈现出的相互平行的痕迹。这些是深部地下水带来的矿物质不断累加而形成的，因为断层每次滑动，就有地下水被带上来。

通过研究侵蚀作用“挖掘出”的岩石的断面擦痕，我们可以推测出无法进入的深部断层内部发生的现象。它们

的力学指向性有助于我们重现地下的受力情况。分析“擦痕晶体纤维”中的矿物成分则可以帮助人们了解地震周期中液态物质流动与断层滑动之间的相互作用。

从语法上看，“断面擦痕”是一个名词，且几乎从不以单数形式出现，因为一旦产生“摩擦”，擦痕总是齐刷刷地出现在断面上。

另见词条：角砾岩（Breccia）；糜棱岩（Mylonite）；假玄武玻璃（Pseudotachylyte）。

Speleothem: *Drip feed*

洞穴堆积物：积“水”成“石”

S

“Speleothem”（洞穴堆积物）指的是某个洞穴中任何类型的矿物沉积物，它的词源是希腊语的“spelaion”（洞穴）和“thema”（规定下来的事情，如沉积物或论文）。并非所有的洞穴中都有堆积物，洞穴堆积物的形成要求地下水的化学性质发生特定变化：从酸性变为碱性然后再变回来。

大多数洞穴都在石灰岩中形成，这类岩石主要由方

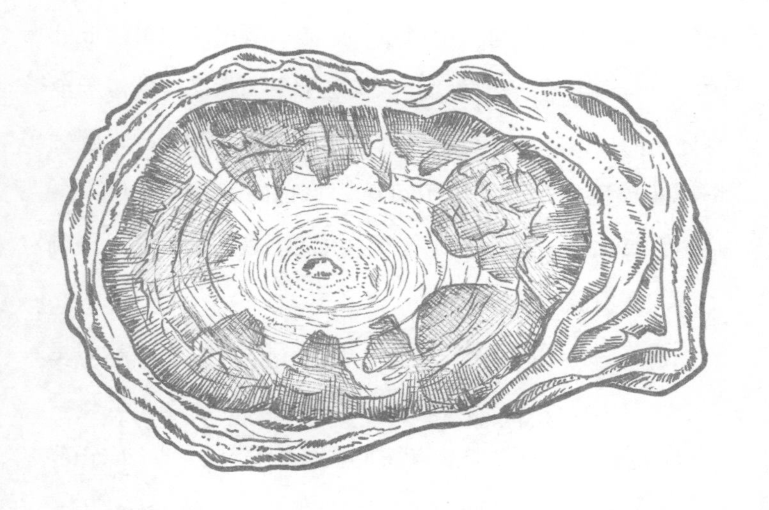

解石矿物组成，可以被弱酸性的地下水溶蚀。方解石溶解最容易出现在接近地下水位的位置，因为在水面上方的矿物被地下水浸透，并且地下水酸性最强——这里的地下水不仅能从空气中吸收二氧化碳，还能与土壤中的有机质相互作用。

流经石灰岩的酸性地下水快速地生成大量碳酸氢钙（以钙离子 Ca^{2+} 和碳酸氢根离子 HCO_3^- 溶解形式），因此环境变得酸碱平衡，地下水也失去了它对碳酸钙的溶解属性（所以治疗胃酸烧心的消化药物主要成分也是碳酸钙就一点不奇怪了）。当富含矿物的地下水通过某种方式进入洞穴中的开放空间时，那里空气中的二氧化碳含量是很低的，水与周围的新环境就处于酸碱不平衡状态。就像一个身处高海拔山峰的攀登者遇到空气变得稀薄的情况，就会扔掉背包里的东西、减少负重，水也卸下它的“负累”，呼出二氧化碳：这就在洞穴壁上沉淀出碳酸钙矿物，形成了洞穴次生碳酸盐沉积。

洞穴堆积物的形式多种多样，其中人们最熟悉的是钟乳石（stalactite，从洞穴顶部向下垂的石柱）和石笋（stalagmite，从一个渗漏点往上生长的石柱），“stalactite”和“stalagmite”这两个单词都源自希腊语“stalagma”（一小滴）。堆积物还能形成更复杂的形貌，它们有各种引人遐想的名字，包括石幕、石带、石瀑布、石枝、鹅管、月奶石、石花和肉条石等。在偶然发生的地质事件中形成的奇异构造，激发了各种神奇的描述和民间传说，也成就了由此衍生出的洞穴旅游。人们赋予洞穴堆积物的想象总能令我啧啧称奇：一只短吻鳄可能和一尊拿破仑半身像出现在同一个洞穴里；一副巨人棺材很可能就立在费城自由钟的旁边。

但是，洞穴堆积物所讲述的真正故事远比人们强加的想象更有趣。堆积物不为陆地表面无处不在的侵蚀所打扰，在洞穴里安静地生长，记录下周遭环境乃至地表之上的各种变化。在意大利中部的亚平宁山脉，有一个从淡灰黄色的侏罗纪石灰岩里发育而来的山洞，名为卡尔卡雷山峦洞（位于托斯卡纳区，这些石灰岩后来变质形成米开朗基罗最喜欢的大理石）。洞穴里歪斜的钟乳石引人注目，它们是非常重要的地质历史拓印，记录了整个洞穴因山脉不停升高、地壳持续发生褶皱而逐渐倾斜并最终在垂直方向上发生变化的过程。

钟乳石和石笋的内部保存着更加丰富的信息档案。随着时间推移，它们不仅会长高，还会变粗，一圈圈拓宽的同心环带让人想起树木的年轮：二者的中心位置都存留着最古老的物质。钟乳石所含的微量元素和地球化学同位素更保存着气候和生物群落变化的“记忆”。一些洞穴堆积物的“环境变化档案”可以回溯到一百多万年前，因此它们就像低纬度版的极地冰芯一样，成为我们了解全新世和更新世气候变化的信息来源。“石”如其名，洞穴堆积物本质上就是“洞穴专著”，包括了专题论文、百科全书，甚至完整的图书馆，记录着已被遗忘的世界。

另见词条：粒雪（Firn）；喀斯特（Karst）；纹泥（Varve）。

Stygobite: *What lives beneath*

地下生物：活在“地”下

以神话故事里将灵魂运往地下世界的冥河（即斯提克斯河）命名的“地下生物”，指的是只生活在地下水环境（洞穴、深部岩石裂缝和含水层）中的生物群。尽管与阳光隔绝，它们还是找到了茁壮成长的方法。

地下生活的一个好处是环境相对稳定，没有白天和黑夜之别，也没有明显的季节变化，甚至气候变化在这里也只是悄然而过，不会引起波澜。但是，正如土壤类型和气候的地理变化会带来多样的地表生态系统，地下生境的差异（特别是生活空间的大小和能否获取水源）也会创造出各种地下生物群落，其丰富性令人震惊。有些微生物直接在地下岩石表面勉强生活；微小的动物靠水饱和地层中的微量有机质维持生命。生活在洞穴里的鱼、两栖动物、甲壳亚门动物和昆虫享受着喀斯特地貌提供的宽阔居住环境。意外跌入或者游进大洞穴和落水洞之后，这些有机物的祖先在这片冥河一般的黑暗中，发展出一套它们所熟悉的地表生态系统的“暗黑地下版”。洞穴很可能是我们人类种族的第一个避难所，地下

S

生物则是我们的祖先——史前时期穴居人的同伴。

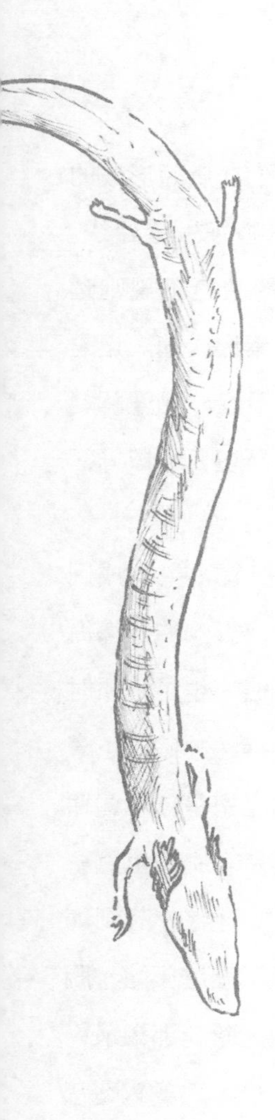

当我们探访幽暗的地下区域时，可能会注意到，冥界神话中的许多元素被引入了地质学词汇。比如“火成侵入岩体”（pluton），这种在地下结晶的火成岩以罗马神话中的冥界之神普鲁托（Pluto）命名；“外来岩体”（allochthon），暗指构造拆离的岩石板片属于冥界之神普鲁托的“阴间”领地；“冥古宙”标志着地球的第一个5亿年，这个时期地球上没有本土岩石记录，这段地狱般的时间，即使对地下生物而言也是无法生存的。

S

另见词条：外来岩体（Allochthon）；喀斯特（Karst）。

Stylolite: *Marble marvels*

缝合线：大理石大奇迹

碳酸盐岩石，即石灰岩、白云岩和它们变质后形成的大理岩，有一个十分普遍但经常被忽略的特征：缝合线。缝合线指的是岩石表面部分溶解后留下的暗色不规则边缘，它是由铁和镁等岩石中不溶的微量元素形成的。正是缝合线让大理石具有了“大理石花纹”。不过，要理解缝合线的起源，我们还需要观察它们的形成环境，穿戴好潜水装备去一探究竟吧。

大多数碳酸盐沉积物在热带水体中积累，生物成因物质就像不停落下的细雨，沉降到不受波浪影响的深海海底。这个过程实际上是地球长期的固碳策略，也是地质时间跨度内将火山呼出的二氧化碳从大气中移除并储存下来的主要机制，防止了地球变成一个失控的温室星球（谢谢你，藏着碳酸盐的有机物！）不过，这不是本文的重点。

随着时间的推移，生物成因的灰泥如雨点般落到海床上，然后又被同样的物质掩埋。这些灰泥经过压缩、脱水，逐渐变成岩石。只要积累的过程不被打断，那么最终的沉积物中就不应该有任何可见的分层，可是大多数石灰

岩和白云岩看起来确实是分层的。这种显而易见的“层”不是真实的沉积特征而是“缝合线”，是“假层理”。这是碳酸盐矿物沿着水平表面压缩和溶解的结果。

许多矿物，特别是方解石（碳酸盐岩石），在压力下更容易溶解——人类或许能对此感同身受。当地下水流过沉积物时，它将优先溶解沿着表面分布的矿物（那里的压力也是最强的）。在碳酸盐变为泥状并进一步堆积时，最大的压力来自垂直的重力，因此溶解沿着水平面出现。不过，缝合线并不是完美的平面构造，人们还没有完全搞清楚其原因。从横截面上看，它们表面粗糙，且具有锯齿状线缝。

即使你从来都没注意过石灰岩或白云岩中的缝合线，你也肯定在大理石中见过它们：它们制造了大理石纤细的灰色条纹，富美家牌的家居塑料贴面甚至会拙劣地模仿这样的花纹。当石灰岩或白云岩的岩层陷入造山运动，开始结晶和变形时，大理石就形成了。原始岩石中微小的碳酸盐晶体重新配置，组合成更大的晶体，这一粗化过程让大理石产生了其标志性的乳白色半透明质感。（这个过程叫作“奥斯瓦尔德熟化”，在冰箱里冻了太久的冰激凌也会发生同样的变化。）同时，变形作用加剧了缝合线表面的参差不齐，大理石标志性的外观就这么出现了。

有时候，我会好奇米开朗基罗花几个小时将鼻子靠近透着冷光的卡拉拉白大理石缝合线时，是否思考过它们的起源。和自然界中的许多现象一样，缝合线如此常见，以至于我们很少意识到它们的存在。然而，少了它们，我们将怅然若失。

另见词条：喀斯特（Karst）；洞穴堆积物（Speleothem）。

Sverdrup: *Current affairs*

斯维尔德鲁普：环流就是要务

斯维尔德鲁普以挪威杰出的海洋学家哈拉尔德·尤里克·斯维尔德鲁普（Harald Ulrik Sverdrup，1888—1957）的名字命名，是一个用于量化海洋环流运移海水的流量单位。斯维尔德鲁普的符号为 Sv，1Sv 等于每秒 100 万立方米。它与描述地下水流动的单位“达西”分列于水文学谱图的两端。要理解斯维尔德鲁普这个流量单位到底有多大，最好的方法是想象在海洋里有一道垂直竖立的“大门”，它的高度和宽度都是 1 千米，水通过它的流动速率是 1 米每秒（3600 米每小时）。这就是一个斯维尔德鲁普的概念。

墨西哥湾暖流从美国佛罗里达州南端进入大西洋，它的流速是大约 30 个斯维尔德鲁普。它向北流动时，会逐

S

渐加速；接近加拿大纽芬兰时，就已波涛汹涌，洋流速度达到 150 个斯维尔德鲁普。对比来看，密西西比河流经美国 40% 的陆地面积，即使在最极端的洪水年份，它进入墨西哥湾的流量也仅有 87 000 立方米每秒或 0.087 个斯维尔德鲁普。而墨西哥湾暖流的季节性流量变化就能超过 5 个斯维尔德鲁普。

墨西哥湾暖流和其他环流传送的不仅是庞大的水体，还有大量的热，它们不间断地平衡着热带和极地之间的温度差异。正因如此，海洋是地球气候系统的关键调节器。海洋环流搬运的盐分让情况变得更为复杂，这些盐分与温度一起，决定海水的密度。在它们北上的途中，墨西哥湾暖流的水逐渐变得更冷，也变得更咸（蒸发作用的后果）。这两个因素都导致海水密度增加。当湾流抵达冰岛的纬度时，因为它比当地的水体更重，所以会下沉到海底，形成深层底部环流。然后，这团盐度很高的庞然大物就会返回纬度更低的区域。在海洋中，这样的对流翻转叫作“温盐环流”，温盐环流系统的中断就是最近地质历史中气候突变的原因。

想要制衡墨西哥湾暖流这么强大的激流，需要同等力量的水“动力”。换言之，我们得找到可以用斯维尔德鲁普来作单位的淡水量。尽管普通的河流（如密西西比河）做不到，但是一个冰盖的倒塌或者融水湖的一次灾难性倾泻可以做到。人们认为在更新世末期，也就是大约 1.2 万年前，这类事件曾以较大的规模数次出现。

彼时，地球刚结束了一个长冰期，正在缓慢恢复。冰川不情愿地放弃它们的掌控，植被也逐步重返中纬度陆地。然而，正在变暖的世界遽然跌回冰期环境，并在这种环境下持续了至少 1000 年。这就是新仙女木事件（以生长在极寒环境中的植物新仙女木命名，此种植物后来在欧洲泥盆纪岩石里出土）。这突如其来的寒冷期出现的原因似乎是，快速融化的冰川输送的巨量淡水稀释了墨西哥湾暖流的水体，拖住了环流的步伐，因此北大西洋失去了热量。格陵兰冰芯的气候变化记录显示，新仙女木事件的结束和开始一样突然：当 1000 年后墨西哥湾暖流最终恢复，斯堪的纳维亚地区的年平均温度在数十年内升高了 12 摄氏度。全新世终于真正地开始了。

气候科学家担心，因人类而加快的全球变暖过程会导致格陵兰冰盖加速崩解和融化，再次中断墨西哥湾暖流。很矛盾的是，这一开始会将北欧推入极寒的环境，当地的农业或将不复存在。在 21 世纪早期，人们认为这样的情

形是很有可能发生的，以至于挪威政府制订了各种规划以维系国家的生存。但就在最近，气候模型显示，全球温度在未来几十年会迅速升高，从而抵消导致墨西哥湾暖流停运的任何变冷效应。这可不是什么好消息，尤其是一旦温盐环流恢复正常，气温将会再度显著升高。

S

哈拉尔德·尤里克·斯维尔德鲁普，与本文词条同名的那位海洋学家，是在挪威西海岸的一个小村子里长大的。也正是在那里，他学会了尊重和敬畏海洋的能量，并且坚持终生。他的职业生涯都献给了研究和定量化影响全球海洋环流系统的物理驱动力。但是，也许他很难想象，在 21 世纪初，人类竟也成了驱动力之一。

另见词条：达西定律（Darcy's Law）；冰湖溃决洪水（Jökulhlaup）。

S

T

Taphonomy: *What becomes a fossil most*

埋藏学：什么最容易成为化石

如果历史是由胜利者书写的，那么史前年鉴就出自脊椎动物的手笔（严格地说，还要算上有壳体、外骨骼和其他硬块的生物）。在某些特殊情况下，软体生物的身体没有受到氧气的破坏，也可能出现在化石记录中。它们形成了一种特殊的化石层——“特异埋藏化石群”，让人们得以一瞥整套古老的生态系统。但是大多数含化石的地

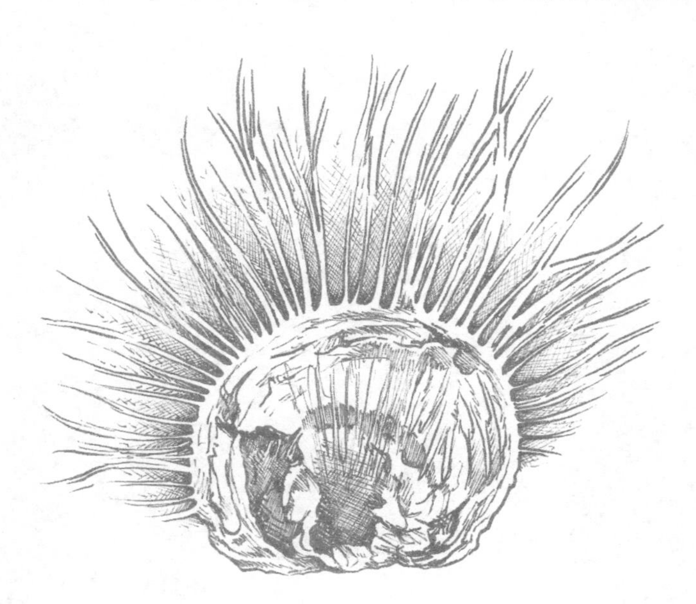

T

层只包含有机体坚硬、矿化的部分，因此并不能反映当时生物圈中的整体情况。理解并校正化石记录的这种内在偏差就是“埋藏学”的一个方面。埋藏学是古生物学的一个分支学科，主要关注导致化石化的原因及其过程。“Taphonomy”一词源自希腊语词根，意思是“坟墓”。

岩石记录无法充分展示的不只是特殊生物体，还有整个环境。其中一个最显著的“显示”差异成因是，绝大多数沉积岩石是在海洋中（而不是在陆地环境里）积累的。道理很简单：陆地上盛行的是侵蚀作用而不是沉积作用；另外，相比陆地环境，沉积物在海洋中的积累更少被中断。

正因如此，相比海平面以上的生态系统，海洋中的生物群演化特征留下了更好的记录。与同时期陆地上的沉积物相比，海洋地层对地质历史中生物大灭绝的记录也更加清晰。例如，尽管“旱鸭子”恐龙是白垩纪末期生物大灭绝的著名受害者，并且获得了大多数媒体的关注，但实际上在大灭绝事件中，记载了事件详细过程的是微小的海洋生物“有孔虫类”的壳体。有孔虫类生物才是这起全球灾难更可靠的“目击者”。关于“两位受害人”的报道差异有点像美国小报《国家询问报》与主流媒体《纽约时报》的差别。

另外一个不易察觉且直到最近才被记录下来的埋葬学现象是，“埋藏前降解倾向于简化生物体表面的解剖结构”。这种现象导致了一种系统性分类倾向，即将化石分配给更古老的“主流”进化群，而这种分类方式往往低估了古老生态系统的生物多样性。

地球海洋和大气化学所发生的长期变化，也影响了生物化石化的模式和概率。前寒武纪海水的硅浓度远高于现今海洋的硅浓度。燧石是由海水中沉降的硅富集而成的，是高保真度化石化的一个理想媒介。最早的微生物记录就是从澳大利亚、南非和其他地方的古老燧石中发现的。在现代海洋里，硅质浮游生物叫作“硅藻”。它们与某些类型的海绵动物一起，急切地从海水中抢夺二氧化硅，从而让成层的燧石沉积变得相当罕见。相反，在过去的数亿年里，石灰岩——它本身就是主要由钙化有机体形成的岩石，超越了燧石，成为化石保存的主要沉积宿主。由此可见，化石形成的规则本身也随着地球和生命的变化而演进。

尽管化石记录固有的缺失看似为了解过去的生命过程带来了无法克服的障碍，但是记录的不完整，也激发了古生物学家就如何填补这种空白进行创造性的思考。例如，了解现代食物链的营养级和能量消耗，就有可能推断出谁被排除在地质编年史之外。即使有机物本身没有变成化石，它们有时候也通过爬行轨迹和潜穴等“痕迹化石”的形式，留下了有关其日常生活的线索。

采用埋藏学的思维框架可以帮助我们更好地了解历史。接受了“官方报道通常经过删减”这一事实，我们就能开始反思“成王败寇”的历史记载方式。这也激励着我们为子孙后代保留更完整和更富有代表性的历史记录。

另见词条： 生物扰动（Bioturbation）；复活分子（Lazarus Taxa）；塔利怪物（Tully Monster）。

Thalweg: *The valley below*

深泓线：峡谷下面

马克·吐温（Mark Twain）回忆早年在密西西比河上的水手生活时曾写道：“现在我去工作，想要了解河流的真面目；因为比起我在思想上或者行动上想要获得或逃避的其他东西，那才是最重要的。”他的确发现了影响密西西比河及其他河流形态的东西：它们不符合最基本的几何描述，无论是在平面地图上还是在三维视图中都不行，更别说加上时间的四维环境了。

河流无法抗拒蜿蜒而行的诱惑，它们在越来越夸张的转弯中曲折前进，越来越弯，就像老式的丝带糖，几乎回环到自己身上，直到最终截弯取直，在身后留下一个牛轭湖[1]。水流蜿蜒而行的本能如此强烈，就连被限制在笔直的人工渠里的溪流，只要建立起沉积物河床，便又会继续蛇行。

由于河水的动量在河岸之间转移，河湾的外弧被侵蚀，形成凹岸（基蚀河岸），更平静的河湾内弧则成为泥沙沉积的凸岸坝。任何一个合格的内河船长都知道，河流的最深处在靠近凹岸的地方，而不在河道的中央。为了避免搁浅，船长必须把航线维持在深泓线上，这条弯曲的航线连接着整条河水位最深的点。

"Thalweg"是一个诞生于19世纪的德语新词，意思是"谷道"。到了1900年，这个词已成为英语科学词汇，并得到广泛使用。尽管没有证据显示马克·吐温曾经

1　牛轭湖是由于平原地区的河流发育和河道变迁，曲形河道自行截弯取直后留下的旧河道而形成的，多呈弯月形。

使用过这个术语，但是他的笔名似乎就体现着它的含义："mark twain" 是蒸汽轮船领航员的确认报告，表示水深是两英寻（约合 1.8 米），通行安全。

一条河流的谷底线不仅对航行十分重要，而且可能具有重大的政治意义。在以河流作为省界、州界或者国家边界的地方，都有一条合法性原则，即"主航道中心线原则"，将深泓线指定为边界的官方位置。最近伊朗与伊拉克之间，以及印度与孟加拉国之间的争端就是通过援引该原则而暂时平息的。但是，没有一条河流满足于"现状"。它们无休止地发育和变化，令人难以捉摸，击碎我们对永恒不变的地理形态和可预测的几何形态的无尽渴望。

另见词条： 冰湖溃决洪水（Jökulhlaup）；成土作用（Pedogenesis）。

T

Thixotropy: *Call me quick*

触变性：我超快的

流沙曾经是冒险电影中戏剧张力的重要来源，现在却像一个过气的偶像派演员，逐渐淡出人们的视线。鉴于流沙经常与令人汗颜的殖民情节和模式化的角色一起出现，人们常常会怀疑它不过是某种“异域风情”的幻想产物。然而，流沙是真实存在的，其背后的现象，也就是触变性或者说沉积物液化，则更微妙而迷人。

在好莱坞电影的流沙场景中，不幸陷入流沙的人越是挣扎，就陷得越深。反派人物可能被整个吞没，扭动挣扎的正面人物则会被一个头脑冷静的英雄救出来。尽管其中隐含的社会和道德隐喻可能有些问题，但是这些场景中的物理现象基本上是正确的：一个饱水沉积物在静止状态下是牢固的，组成它的颗粒相互接触，这种状态可能会被脚步带来的震动打破，饱水沉积物瞬间就会变成液态泥浆。对触变混合物来说，任何微小的震动都可以引发承载颗粒支架坍塌，导致材料失去强度。混凝土是人们熟悉的一种触变介质：在水泥铺设之前，为了保持水泥的液化状态，混凝土搅拌机必须一刻不停地搅拌。

在自然界中，触变性更多地发生在细颗粒的黏土中而不是沙子中。黏土是由小颗粒构成的矿物群，也是一种复杂的材料，微小颗粒巨大的净表面积和矿物的分子结构共同创造出罕见的结块质地。扁平的黏土颗粒边缘有自由电子，静电让它们相互吸引，由此产生的微尺度结构赋予了

（不要惊慌）

它宏观强度。但是这些脆弱的“纸牌小屋”很容易因受到物理扰动而坍塌。

此外，许多黏土矿物——蒙脱石族或者“膨胀”黏土——具有开放的晶体结构，这种结构允许它们吸收大量的水。通常这些黏土的静息强度和扰动强度之间存在巨大差距，我们可以将其描述为“敏感的”或者“快速的”。尽管黏土突然丧失黏滞性是许多灾难性滑坡的深层原因，但它们重新恢复强度的能力也是危险的：当一个人踏进流体黏土后，黏土会再次快速地变牢固，这时他的脚陷进去就拔不出来了。如果这种情况发生在泥质潮滩，后果可能是致命的。不过，成因与老电影中描绘的并不一样。

沙漠中间的流沙袋是电影中常见的套路，现实中却非常罕见。原因显而易见：水才是整个触变现象的核心。大型砂体可能出现液化的情况之一是发生地震。饱水砂质沉积物中的颗粒被地震波晃动，进入悬浮液并大量涌至地表，呈现出所谓的“砂沸”（又称沙涌）。随着时间的推移，这些喷发的沙被富含有机质的土壤物质掩埋，它们可以通过放射性碳同位素被定年，并为人们提供有关构造活跃地区大地震发生频率的信息，从而帮助我们改进地震风险评估。通过这种方式，流沙——昔日银幕上的威胁，现实中或许可以帮助我们挽救生命。

另见词条：火山泥石流（Lahar）；露西泥火山（Lusi）；成土作用（Pedogenesis）；浊积岩（Turbidite）。

Tiktaalik: *Fish out of water*

提塔利克鱼：离开水的鱼

很多年来，我都保存着一个地质主题的卡通图片文件夹，里面的图片是我从报纸和杂志里剪下来的。我喜欢在课堂上展示它们，活跃气氛。恐龙和猛犸象是出场次数最多的主要角色，不过，这些单格幽默漫画里最常见的主题还是地质年代中一条具有冒险精神的鱼上岸的时刻。

在一幅单格漫画里，一条仍在水里的鱼妈妈朝着爬往岸边的儿子喊道："赶紧回来，臭小子！"另一张画则描绘了一对爬向砂质海滩的鱼夫妇，落在后面的那条问道："你确定我们不需要带张信用卡或别的东西吗？"在我最喜欢的画中，一只精力充沛的原始四足动物喊道："走咯——等等，走可不行，我要跳舞了！"

当然，在现实中，脊椎动物可不是在某个阳光明媚的下午突然就出现在陆地上的。实际上，这是一个循序渐进的过程——准确地说，这个过程发生在泥盆纪晚期大约3.9亿年前到3.75亿年前之间。泥盆纪是鱼类的时代，根据分类学的种类数量测算，当时世界海洋里的鱼类物种比现今存在的更加丰富。一些肉鳍鱼（sarcopterygians，希

腊语“肉翅”之意，后来分化成总鳍鱼和肺鱼）生活在水很浅的入海口和河口湾，有时候甚至从开放的海洋深入内陆水域。然后，在地质上美好的某一天，这些鱼中的某一条真的离开了水，在它打下的基础上，逐渐发展出一个谱系，出现了两栖动物、爬行动物和哺乳动物——其中也包括我们人类。

古生物学家相信，刺激鱼类退出海洋领地的不是青春期的叛逆或不可抗拒的舞蹈欲望，而是因为它们处于一个大范围的海洋缺氧期。尽管鱼类有鳃，但相比从贫氧的海水中获取氧气，从空气中直接吸入氧气也许更加容易。尽管这个时代伟大的演化跃进（可谓）是将鳍变成足，但是早在任何肉鳍鱼变成两栖性的动物以前，它们可能就已经用鳍沿着泥底“行走”了。

2004年，在加拿大高纬度北极圈内偏僻的埃尔斯米尔岛，一群古生物学家发现了关键性的过渡化石，即如今举世闻名的提塔利克鱼（Tiktaalik，因纽特语“浅水鱼”之意）。提塔利克鱼发现于3.75亿年前的地层中，完美地混合了鱼和四足动物的特征。这支探险队的负责人之一尼尔·舒宾（Neil Shubin）将它描述为“鱼足动物”（fishapod）。提塔利克鱼显示，真正让鱼转变成步行者的解剖学创造不是蹄或者脚趾，而是将头部与身体其他部位分隔开的颈部的发育。鱼类不需要颈部，但对于陆基生物来说，颈部对于移动和视野范围来说是至关重要的。提塔利克鱼真是伸出了颈子[1]，改变了世界。

提塔利克鱼在解剖学上的新奇之处也为漫画家打开了充满全新可能性的世界：一大群提塔利克鱼正在往海滩线快速移动，在地球历史上第一次，一条提塔利克鱼说：“别贴着我的脖子！”

另见词条：冰原岛峰（Nunatak）；塔利怪物（Tully Monster）。

1　此处原文“stuck its neck out”有两重含义，字面上指“伸出脖子”，引申为“豁出去、做出牺牲”等意。

Tully Monster: *Alien autopsy*

塔利怪物：解剖外星人

即使你不是《星球大战》的爱好者，你很可能也熟悉这部电影里标志性的“酒馆场景”。这家喧闹的酒馆开在莫斯艾斯利太空港。显而易见，那里环境艰苦，并且暗含着一种包容精神——吧台边挤满了解剖结构千奇百怪的各星球居民，它们看起来并不为彼此凸起的眼睛、花哨的绿色皮肤或者悬垂摆动的长鼻子感到困扰。不管何时何地，只要谈话涉及古生物学上神秘的塔利怪物，我都会想到这个场景，还有奔放的外星音乐（其他地质学家提及此物时，也和我的心境一样）。

1955 年，化石爱好者弗朗西斯·塔利（Francis Tully）正在美国伊利诺伊州东北部著名的马荣溪化石层翻找化石。3.1 亿年前的上石炭统特异埋藏化石库岩石单元中含有精致的植物化石，还罕见地保存着软体动物化石。马荣溪出土的很多化石呈椭球形，这种结核形态是岩石因风化而形成的。塔利敲开其中一颗，发现自己正和一个怪异的“生物”面面相觑。它看起来就像是用零配件随意组合在一起的：躯干像一根香肠，越往后越扁，最后形成一条没有完全长成的尾巴。尽管它缺乏一个清晰的头部，但有两条像牙签一样伸出来的眼柄，眼柄间距比身体还要宽一倍。身体前端长有一根软管一样的附属物，长度与香肠状的身体后端相当，管子的末端可能是嘴部，但看起来像一个长满牙齿的响板。尽管这个生物只有大约 10 厘米长，但是它真的是个怪物。

塔利把标本带到著名的芝加哥菲尔德自然史博物馆，但是那里的古生物研究团队中没有一个人能鉴定它，甚至没人有把握确定它到底是无脊椎动物还是脊椎动物。

六十多年以后，关于“塔利怪物”正确系统分类的论战还在持续。2016年，这个谜团似乎被解开了。一组英国研究人员在《自然》（*Nature*）杂志上发表了一篇论文，文中给出了明确论据，证明“塔利怪物”是一种原始的脊椎动物，并且它与盲鳗和七鳃鳗的亲缘关系最近。不过，也有其他团队认为“塔利怪物”是无脊椎生物，可能是节肢动物或者尾索动物的一种（尾索动物群中还包括现代海鞘）。

因此，尽管“塔利怪物”目前有科学的属种名 *Tullimonstrum gregarium*（学名的后半部分表示马荣溪化石层还发现了一“群”其他种的生物），但是它只是被正式分配到动物界及其中的“进化枝”或两侧对称动物子群，该子群包括所有横截面呈镜像对称的动物。

或许“塔利怪物”就是莫斯艾斯利乐队的成员。它的长鼻子发出喇叭似的声音，它的嘴巴甩到打击乐器上让它们噼啪作响。只不过，这家伙在石炭纪晚期的演唱会结束之后被困在地球上了。

另见词条： 埃迪卡拉动物群（Ediacara Fauna）；埋藏学（Taphonomy）；提塔利克鱼（Tiktaalik）。

Turbidite: *Muddy waters*

浊积岩：泥浆水

浊积岩是一种历经动荡的岩石：它是由大陆沉积物泥浆快速移动至深海海底沉积而成的。像蛇绿岩一样，早在浊积岩的起源和意义为人们所知的一百多年前，就有了关于它的制图和描述记载。不过直到最近，人们才充分认识它们在地球长期构造演化中的作用。

典型的浊积岩以厚的褶皱或倾斜的方式出现在造山带边缘，这些地层按一定的序列重复堆叠，通常是浅色的砂岩层上叠加着颜色更深的粉砂岩和页岩。19 世纪中叶阿尔卑斯山地区的地质学家称这些沉积岩为“复理石”（flysch）。“Flysch”是瑞士德语，可能来自动词“fliessen”（流动）或“Fleisch”（肉）。对饥肠辘辘的野外地质学家来说，这些岩石的条纹肌理也许会让他们想起培根。同一时期，英语世界的地质学家则将这种岩层叫作“杂砂岩”（greywacke），“greywacke”从德语单词“grauwacke”变化而来，它的意思很简单，就是“灰色石头”。

到了 19 世纪晚期，复理石或杂砂岩序列在阿巴拉契亚山脉、英国的加里东山脉以及意大利的亚平宁山脉都已被绘制出来（还被整合进现已废弃的地槽学说，用来解释造山过程）。然而，地质学家找不到任何可以产生如此巨大且具有规律的层状堆积的现代过程。这是一件比较麻烦的事，因为它违背了均变论定律，而均变论是地质学这门新兴科学的基础原理。均变论的准则就是，过去形成的所有岩石和地质特征都可以通过参考现今自然界中可观察到的现象来理解。

1929 年 11 月的一天，加拿大纽芬兰南部海岸发生震级 7.2 级的地震。在盛产鳕鱼的“大浅滩”水域下面，复理石谜一般的形成过程终于自行展现出来。地震发生后不到一分钟，12 根海底电报电缆就被一些东西迅速切断；这些东西横扫海底，速度高达每小时 96 千米。两个小时之后，海啸巨浪摧毁了纽芬兰比林半岛狭窄入口处的渔村，造成 28 人死亡。后来人们发现这次地震诱发了严重的海底滑坡，滑坡又导致海啸，并释放出一团神秘物体。这团翻滚的沉积物切断了电报电缆，势不可挡、左摇右晃地从大陆架上冲进深海海底——那是一股浊流。

地质学家很快就利用等比例水槽模型实验破解了浊流复杂的物理成因。这些实验表明：那些体现着复理石沉积序列特点的砂岩—粉砂岩—页岩重复排列组合，其实是浊流的明显特征。浊流在前进过程中失去动能，于是从最重的颗粒开始，逐步丢弃它的沉积物载荷。这意味着世界各地山脉带出现的巨厚复理石（现已被重新命名为“浊积岩”）记录了数不清的地质事件，其中就包括1929年“大浅滩”的地震和海底滑坡。但是，对于这些深海沉积物出现在山区高处的事实，人们依旧没有得出满意的解释。直到20世纪60年代板块构造理论出现后，我们才能用地壳变形和抬升的机制来解释以上现象。

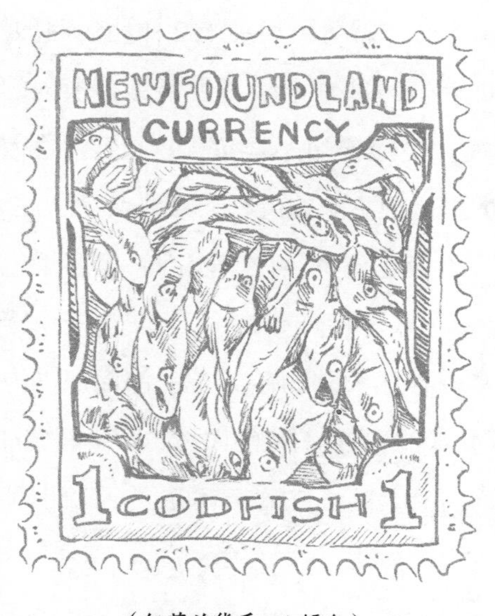

（纽芬兰货币：1鳕鱼）

至少一群有机生物（双壳软体动物的一个属）依赖浊流生存。凿木蛤或“食木船蛆”完全依靠木头碎片来维持生命，这些木头碎片正是通过浊流进入海洋，完成了从陆地环境到深海的不可思议的旅程。

最近，地质学家已经意识到，浊流对地球在地质年代中保持平稳运行发挥了令人惊叹的作用，尤其它们是大陆地壳“循环再利用”[1]的关键步骤。地球海洋地壳的“处理”过程相对容易：由于地幔的部分熔融诞生于洋脊，大约1.5亿年后当它变得越来越老、越来越冷、密度也越来越大时，就可以通过俯冲作用返回地幔。但是，大陆地壳即使已经非常老了，也仍具有很强的浮力，难以进入地幔。侵蚀作用不能完全“处理”掉大陆地壳，因为大多数被侵蚀下来的沉积物最终会沉积在大陆架上。也就是说，尽管它们确实位于水下，但那里依旧是大陆地壳上面。

浊流是一种让大陆物质到达深海海底的方式。在海底，大陆物质可以随着下伏的海洋岩石一起俯冲。在这一过程中，浊流让大陆地壳的循环完成了“闭环”。幸运的

1 此处为双关，原文“recycle”既指地质旋回，也有“循环、回收再生”之意。

是，一些浊积岩逃离了这种命运，被构造驱动力推回到它们在大陆上的“老家”。正是构造驱动力建造了山脉，让地质学家为浊积岩的来源伤透脑筋。

另见词条：贝尼奥夫带（Benioff Zone）；地槽（Geosyncline）；火山泥石流（Lahar）；均变论（Uniformitarianism）。

Twist Hackle: *Give me a break*

扭梳纹：给我一个破裂（饶了我吧）

如果你收拾过窗户掉下的碎玻璃或者盘子碎片，那么你很可能见过一种叫作“扭梳纹”的肌理结构，它是破裂表面常见的一种特征。你也可能从来没有注意过它，毕竟在发生打碎东西的“灾难”之后，很少有人会停下来思考一个物体是如何化为碎片的——但是如果有人愿意的话，我们就有可能详细地再现破碎过程。

断口分析[1]是材料科学里的一个完整分支，主要通过观察一个脆性介质裂开时留下的痕迹来分析破裂过程。

1 断口分析又称断口金相学。

断口分析在金属部件（例如飞机机身）故障的原因诊断中是相当重要的。尽管一次灾难性的破裂在不到一秒钟的时间里就可能发生，但我们仍然有办法重现裂缝形成和扩展的时间顺序（有时候这会用于责任界定）。

地质学家也采用断口分析方法来解读岩石的破裂。这不是为了追究谁的责任，而是为了更好地理解岩石的强度极限——这对建造安全的路堑、桥梁、大坝和其他基础设施来说是不可或缺的。

要读懂岩石的破裂，我们首先必须确定它属于两大破裂类型中的哪一种。这两种各具特点的类型是根据破裂表面和运动方向之间的几何学关系来划分的。剪切裂纹与平行于破裂表面的错位有关。一旦这种错位变得足够严重，它们就成了“断层”。根据这些断层的形成原因——地震性的突然断裂或缓慢增加的蠕变，它们会表现出与滑动有关的多种特征，包括出现角砾岩、断面擦痕、糜棱岩和假玄武玻璃等。

另一种破裂类型是拉伸裂纹。拉伸裂纹在垂直于破裂表面的方向开口，是脆性物体（如玻璃和陶器）以及浅表地下岩石的主要破裂模式。一旦出现该种破裂，一道细小的拉伸裂纹就会变得越来越长，就像穿袜子的时

候脚尖往前顶那样。这种现象的成因是尖端出现了应力集中。正因如此，工程师会尽可能小心地在压缩状态下给脆性材料施压，从而让任何新生的拉伸裂纹重新闭合。

一些拉伸裂缝的扩张速度十分缓慢，也许一天只扩张不到一厘米。人们熟悉的一个例子是风挡玻璃上出现的小裂纹。它从被飞来的石子砸出的小凹陷开始，在之后的几天或者几个星期里逐渐贯穿整个玻璃。这种裂纹是“亚临界的”，因为它的扩张速度比声音在介质中的传播速度慢得多。这些裂纹的表面通常是光滑且没有特点的。

与此相反，“临界”裂纹以音速迅速穿过材料，留下暴力通行的印记。一道临界裂纹会从一个扁平的扁豆形开口开始，迅速向外扩张，并在扩张过程中获得速度。距离破裂源点越远，破裂表面的结构就越粗糙。研究断口学的人为这些同心区开发了一套便于记忆甚至富有诗意的术语。光滑的“镜子”被略显粗糙的“薄雾”替代，“薄雾”泛起涟漪，伸展出“羽状构造”。最后，当裂纹遇到其他先期存在的开裂表面结构，比如一个层面构造时，便会散开形成“雁列”片段，其粗糙的边缘就叫作“扭梳纹”。

令人开心的是，我们不必大动干戈打破窗户或摔碎传家宝，就能实践断口分析法。折断一块巧克力或者将硬奶酪掰成两半，就能充分模拟出扭梳纹的效果。做完实验之后，只需要咬几口，就能安全地将所有实验材料都清理干净。

T

另见词条：角砾岩（Breccia）；糜棱岩（Mylonite）；假玄武玻璃（Pseudotachylyte）；断面擦痕（Slickensides）。

Unconformity: *Conspicuous absence*

不整合面：明显缺席

1923 年，一名记者问英国探险家乔治·马洛里为什么想攀登珠穆朗玛峰。马洛里脱口道出了那句著名的回答："因为山就在那里。"山脉的"在此性"（thereness）看起来无可辩驳，但对地质学家来说，山脉不过是某种短暂的特征：它会增长、存在一段时间，然后被侵蚀作用削减。事实上，现代地质学的"开端"可以追溯到一位远早于马洛里的英国探险家，他观察了"不在那里"的雄伟山峰。这就是"丢失的山脉事件"，这个问题的解决引导人们发现了"深时"。

1780 年前后，物理学家、绅士农场主和古怪的博物学家苏格兰人詹姆斯·赫顿，基于充满激情的想象和冷静的观察，认真阐述了一种关于固体地球如何工作的理论，其构想是相当现代的。受到当时神学和地质学的影响，他坚信侵蚀的破坏力量必然被地形的复兴过程抵消。赫顿是第一批辨识出侵入岩浆证据的自然科学家，他得出了"熔化岩石的地下热源同样可以为地壳变形和造山作用提供动力"的正确结论。

U

可以说，赫顿在思想上已经为理解西卡角的重大意义做好了准备。这块如今已非常著名的“露头”（露出地面的岩石）位于苏格兰的东海岸，靠近英格兰边境。1788年，赫顿与朋友们划船时偶然看到了它。赫顿在那里发现了两套明显不同的沉积岩序列：下部序列的地层近乎直立；而上部地层只是微微倾斜。位于这两套序列中间的碎石状起伏表面——现在叫作“不整合面”——引起了赫顿的注意。

赫顿实现了归纳思考的飞跃，意识到那些倾斜的岩石是山脉地带的残余，地层在这些地带已经涌起并出现褶

U

皱。他也意识到，倾斜地层和上覆岩石之间的表面代表着这些山脉被侵蚀的过程耗时极长，远远长于《圣经》学者所认为的地球年龄（6000 年）。虽然赫顿当年没有正式给这种理论命名，但他本能地实践了“均变论”原则，自然而然地援引现今可观测到的地质学作用（如侵蚀作用）去解释岩石记录的现象。在西卡角，赫顿发现了地球自我更新的证据，为未来的地质学家开辟了新纪元。

不整合面，或者说地质记录的间断，实际上是相当普遍的。地球上没有一个地方具有全部地质年代的完整且不间断的记录。即使是深达上千米的深时化身——美国大峡谷，其记录也有巨大的遗漏。大峡谷的岩石序列中有两个主要的不整合面，它们的时间跨度都很大，是当时侵蚀作用胜过沉积作用而产生的。其中一个不整合面出现在老的元古代岩石中，位于大峡谷底部，代表了大约 4.5 亿年的间歇，远超毁灭和埋藏一个古老山脉地带所需的时间；另一个被称为“大不整合面”，它将老的岩石与大峡谷上部我们熟悉的水平状地层分隔开，代表着 5 亿年的沉寂。大不整合面的某些部位受到（成冰纪）冰川的侵蚀，侵蚀进入了更老的不整合面，这样算下来，记录缺失的时间加起来将近 10 亿年。

不整合面如同一本书（代表整个地质历史）丢失的书页，文字至此忽然中断。幸运的是，不同地点的岩石序列（其他地质“图书馆”里保存的副本）丢失的书页也各不相同。自赫顿时代开始，人们兢兢业业地收集全球各地充满不整合面的碎片化记录，用它们拼贴出地质年代表，并利用化石和同位素断代法确认“页码顺序”，最终编纂成一部综合性的地质历史巨著。

作为侵蚀作用的产物，不整合面被定义为“缺失”，是岩石陷入长时间沉寂时按下的暂停键。正是这段沉默给了我们短暂的机会，让我们得以一瞥古老的陆地表面转瞬即逝的轮廓。不整合面也让我们见识了被遗忘的河流的作用、已灭绝生物过去所熟悉的地形，以及曾经“在那里”的无名山脉的遗迹。

另见词条：人类世（Anthropocene）；成冰纪（Cryogenian）；均变论（Uniformitarianism）；锆石（Zircon）；花岗岩化（Granitization）。

U

Uniformitarianism: *Same as it ever was*

均变论：还是老样子

“Uniformitarianism”是一个写法复杂的单词，含义却相当简单。均变论是地质学的一项基本原则：在试图解读过去的岩石、地形和其他记录时，地质学家应该参考地球上现今出现的地质变化过程。言简意赅地说，它通常可以概括为：“现在是过去的钥匙。”

实践均变论是将地质学建成一门可信的科学性学科必不可少的一步。在19世纪早期，通过发现化石、寻找矿石以及绘制含煤的地层图等活动，人们发现了大量难以解释的地质现象。他们发挥想象，试图用许多无法验证的方法来解释它们，并将许多地质现象归因于神的干预（特别是诺亚大洪水）或者（人类）历史上从来没观测到的灾变过程。学习法律出身的英国人查尔斯·莱尔（Charles Lyell）醉心于研究自然的法则，他担心年轻的地质学如果继续“与哲学滥交”，将无法向着科学的正确方向成熟起来。

莱尔用三卷本的巨著《地质学原理》（*Principles of Geology*，1830—1833年出版）制止了地质学的“放荡行为”，将均变论学说当成整治异想天开的解药。莱尔用一千多页的篇幅详细阐述他的关键论点，即地质解释应该只基于可直接观察到的现象。他将均变论学说写得如此令人信服，以至于它甚至像宗教中的福音书一样，被各代地质学家奉为神圣的正统观念。莱尔的本意是将均变论作为地球科学实践者的方法论规则，相当于岩石领域的奥卡姆剃刀原则[1]。然而，随着时间的推移，它逐渐变成了关于地球的一种“信念”，人们开始相信地球在过去与现在是没有区别的。这导致地质学家在数十年的时间里否定大陆可以移动这一观点，而坚信地球从来没有经历过人类历史上不曾见证的地质事件，对大规模的洪水、超级火山喷发、极端气候事件和陨石撞击等证据更是视而不见。

就像许多始于合理原则的“主义”终于沦为僵化的观念一样，均变论对地质学既是必不可少的，也是危险的。

另见词条：成冰纪（Cryogenian）；冰湖溃决洪水（Jökulhlaup）；不整合面（Unconformity）。

U

1 奥卡姆剃刀原理被称为“如无必要，勿增实体”，即“简单有效原理”。换言之：如果两个或多个原理都能解释观测到的同一个事实，那么应采用简单或可证伪的那个，直到发现更多的证据。

Varve: *Dear diary*

纹泥：亲爱的地球日记

纹泥是某一位置在一年中沉积的沉积物，典型的纹泥常在冰川湖或峡湾地区沉积而成。“Varve” 来自表示“转动”或“循环”的瑞典语单词。（在瑞典语中，表示“夏至”或“冬至”的单词是“solvarv”，它由表示“太阳”的“sol”和表示“转动”的“varv”组合而成。）一个纹泥组通常包括一层砂质或淤泥质的“夏季层”和一层更薄的黏土质“冬季层”。“夏季层”沉积物是溪流带来的；“冬季层”是水体表面结冰时，缓慢落下的细小悬浮颗粒沉积而成的。与树木的年轮一样，纹泥间接但准确地记录了该地区的气候和环境随时间推移发生的变化。

芬兰一些湖泊每年都形成纹泥记录，最早的纹泥记录可以追溯到一万多年前，即全新世开始之时，完整的纹泥记录涵盖了整个人类历史。纹泥沉积物中有花粉颗粒、真菌孢子、昆虫残肢以及微量元素，它们按事件发生顺序记载了某处景观自冰期以来逐步变化的历史。人类抵达的信号更是一目了然：纹泥沉积速度加快，铅含量出现峰值，孢子、花粉混合物成分突变。纹泥档案此后又增添了不少

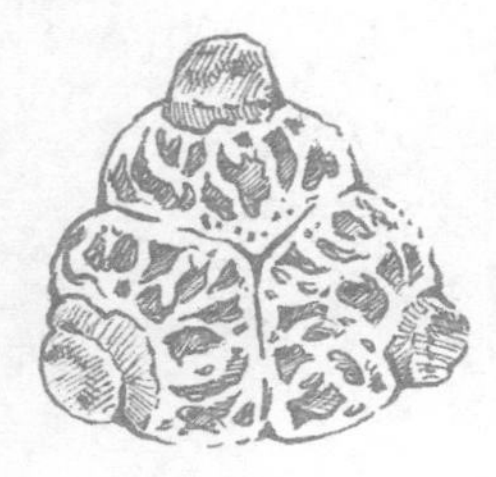
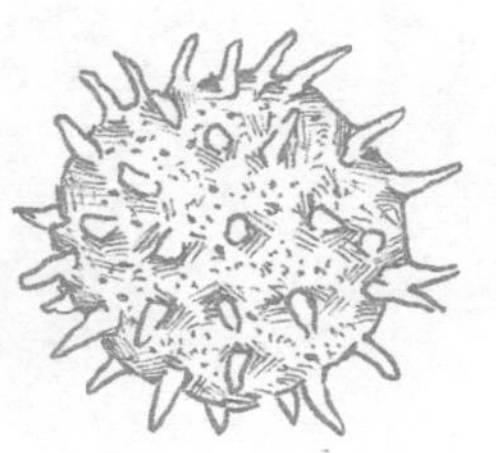

新的物质名录，其中包括煤炭燃烧释放的汞、切尔诺贝利核电站泄漏的放射性同位素，以及来自家居用品的微小塑料颗粒。纹泥默默地记录下这一切，不置可否。

另见词条：人类世（Anthropocene）；成冰纪（Cryogenian）；洞穴堆积物（Speleothem）。

V

X

Xenolith: *Wayfaring stranger*

捕虏体：异乡来客

“Xenolith”来自希腊语。它与“xenophobia”（排外心理）的前缀相同，其字面意思是“外来的/陌生的岩石”。确切地说，一个“捕虏体”指的是一块“外地”岩石到了一片完全陌生的火成岩地区。一块岩石碰巧遇上岩浆活动，被卷到岩浆中，随后岩浆结晶，这块“异乡石”就被保存在中间了。打个比方，码头上的旅客蜂拥上船时，一个人被人流裹挟上了船，驶往一个完全陌生的地方，却阴差阳错地定居下来。

说起来，捕虏体也是“排外心理”的受害者：英国的采石匠在切割用作建筑石料的花岗岩时，把捕虏体当成杂质，戏称它为“异教徒”。但地质学家尊重捕虏体。它们是远赴异域的特使，造访秘境，它们的矿物质蕴含着大量信息。其实，地球留给我们的稀有地幔岩石标本大多是捕虏体，其中一些是被玄武质岩浆带出来的（在夏威夷，这种捕虏体形成了著名的绿沙滩），还有一些出现在产钻石的源岩金伯利岩中。这些地幔捕虏体是真实可见的实地证据，证明了人们通过地震波数据推测地球内部结构的办法是正确可行的。

在英语中，以“xeno”开头的单词显而易见地含有“外来的”之意，但是在希腊语中，“xeno”可以理解为“客人”。我更愿意用希腊语来解读捕虏体：它们身在异乡为异客，从没想过离开家，但事已至此，只好随遇而安。于是，它们成了“异乡之石”，用自己的故事给人类指出观察世界的新视角，我们应该聆听并接纳他们的声音。

另见词条：金伯利岩（Kimberlite）；科马提岩（Komatiite）；莫霍面（Moho）。

X

Yardang: *Gone with the Wind*

雅丹：随风“飘”逝

尽管“Yardang”听起来像公海上的海盗开船时会说的骂人话，但事实上它指的是出现在干旱土地（具体来讲就是沙漠）上的一种现象：一座孤立的风蚀岩石露头，在细沙平原上茕茕孑立。这个术语来源于地质学与语言学的奇妙组合，“yardang”在土耳其语中是“陡坡、陡崖”的意思，是一个“离格”；日耳曼语系中没有“离格”，它用于表示“脱离某个整体、曾经源于某个整体”，这个概

念简直就是为“猛烈沙尘侵蚀而成的”地貌量身定制的。

雅丹地貌通常能反映盛行风的风向，它具有与盛行风方向一致的流线型形状：迎风的一面相对陡峭且宽大，背风面则更加徐缓，呈现逐渐变窄的趋势。雅丹地貌也常见于火星的赤道地区，它侧面显示了当地干旱且多沙尘暴的长期气候模式。持续而强烈的火星风吹袭火山基岩，最终形成了宏伟壮观的地质景观：几百块巨大的岩石排列成整齐的队列，仿若一支庞大雄壮的海军舰队——这样的景象倒真能让海盗惊呼：“Yardang！”

另见词条：三棱石（Dreikanter）；流动沙丘（Erg）；哈布风暴（Haboob）；天然怪岩柱（Hoodoo）。

Yazoo：*Parallel lives*

亚祖河：平行生活

“亚祖”是一个已消失的美洲原住民部落，也是一条河流的名字。亚祖部落就在这条河的两岸生活，位置大概在如今的密西西比河南端。所谓“亚祖河”，指的是位于大河附近的一类小河流。这类小河与大河平行，但没有汇入大河。一条亚祖河就像一条安静的乡村小路，尽管旁边就是州际高速公路，却没有上下高速公路的出入口。

如果一条相对宽阔的河流，其自然堤岸是由洪水导致的沉积物沉降而成，并且堤岸随时间推移而升高，那么，当堤岸高于其周边连通的小河时，亚祖河就出现了。尽管宽阔奔腾的大河近在咫尺，但亚祖河被升高的堤岸阻挡着，不能汇入其中，只能另寻入海之路。

另见词条：成土作用（Pedogenesis）；深泓线（Thalweg）。

Y

Z

Zircon: *I will survive*

锆石：我将幸存

本书的词条是按照字母顺序排列的，将字母 Z 开头的“锆石”作为全书最后一个词条再合适不过了，更何况它比地球上其他矿物的保存时间都要长。

锆石（$ZrSiO_4$）主要以微量组分出现于花岗岩中，极耐化学分解和物理磨蚀。它在高温下形成，因此可以耐受各种变质反应[1]，这些反应可以导致重结晶甚至融化次要矿物[2]。一颗微小的锆石晶体可以经受海浪持续千年的拍打冲刷，或沿着一条河床翻滚漂流数百千米而完好无损。锆石与钻石不一样：钻石是碳的一种形态，在地球表面不稳定，会慢慢转变成石墨；锆石才是真正的恒久远。

锆石碰巧特别适合用“同位素定年法”来分析：在结晶过程中，它接收一些铀（U）进入原子晶格的锆（Zr）的位置。随着时间推移，铀的两种放射性同位素 ^{235}U 和

---

1 变质反应是变质作用过程中形成新矿物的化学反应。变质作用指的是，基本处于固体状态的岩石，受到温度、压力等作用，其矿物成分、化学成分、岩石结构或构造发生变化。

2 次要矿物指的是火成岩中含量较少的矿物，它可以作为确定岩石属种的依据，但对分类定名不起主要作用。

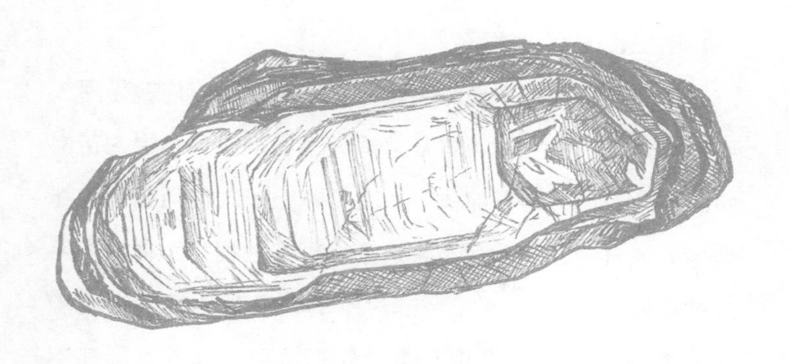

^{238}U 裂解成相应的子体同位素 ^{207}Pb 和 ^{206}Pb。测量锆石晶体中这两种铅与铀的比值就可以准确地对它进行定年。换句话说，锆石不仅拥有长久的记忆，而且乐于分享。地球上已知最老的岩石——加拿大西北部阿卡斯塔片麻岩的年龄就是通过锆石颗粒测定的。迄今为止人们发现的最古老的地球物质也是微小的锆石晶体，它们在澳大利亚杰克山古老的砂岩中以颗粒形式留存下来，非常清晰地为人们展现出 44 亿年前它们在花岗质岩浆中的结晶过程。

锆石晶体不仅异常坚固，而且具有再生能力。一颗老的锆石晶体在蛰伏几十亿年后，一旦遇到岩浆活动或在构造事件中被重新加热，就可以生长出新的同心层。同心层状结构很像树的年轮——但它的形成可能跨越亿万年，记录着地质时代的变迁。仅一颗锆石晶体，就蕴含着一块大陆构造变化的历史缩影。

迄今为止已知的最具传奇色彩的锆石，或许就是阿波罗 14 号宇航员于 1971 年从月球采集的一块月岩中的花岗质碎片中发现的锆石晶体了。在月球上出现任何花岗岩都是令人惊奇的，因此多年来这个发现都被视为一种令人困惑的异常现象。2019 年，碎片中的锆石晶体被确定属于 40 亿年前；人们还发现其微量元素特征与其他月岩都不一样，反倒与地球岩石中微量元素的数值颇为接近。这一事实背后隐藏着惊人的推论：这一大块花岗岩实际是在地球上遭到陨石撞击后，连带着它其中的锆石晶体，一起被抛进太空，最终降落在月球上的。几十亿年后，一个漫步的宇航员碰巧经过，将它捡了起来。

类似的地球陨石很可能也布满火星表面，这样一想，我倒是莫名感到安慰。50 亿年后，当太阳的生命走到尽头，火星可能位于红巨星[1]半径之外，地球则将被红巨星吞没。也许那时候，在火星荒凉的平原上，还会有一些诞生于地球的锆石晶体幸存下来，它们还记得这个美丽、富饶、复杂、创意无限的行星从前安详宁静的日子。

1　红巨星是演化晚期的恒星燃烧至后期所经历的一个不稳定阶段。

另见词条：阿卡斯塔片麻岩（Acasta Gneiss）；紫水晶（Amethyst）；成冰纪（Cryogenian）；花岗岩化（Granitization）；金伯利岩（Kimberlite）；奥克洛天然核反应堆（Oklo Natural Nuclear Reactor）。

Z

附录 1
Appendix I

简略地质年代表（显生宙）

宙（Eon）	代（Era）	纪（Period）	开始时间（百万年前）	地质事件
显生宙（Phanerozoic）	新生代（Cenozoic）	第四纪（Quaternary）	3（2.58）*	人类世 全新世（过去 1 万年） 更新世（冰期）
		新近纪（Neogene）	23	
		古近纪（Paleogene）	65（66）	哺乳动物多样性 巨鸟
	中生代（Mesozoic）	白垩纪（Cretaceous）	140（~145）	恐龙灭绝 大西洋裂开
		侏罗纪（Jurassic）	200（201）	第一批开花植物 最老的幸存洋壳
		三叠纪（Triassic）	250（252）	爬行动物时代开始
	古生代（Paleozoic）	二叠纪（Permian）	290（299）	最大规模的生物大灭绝事件 潘基亚超大陆形成 泛大洋
		石炭纪（Carboniferous）	355（359）	大范围的煤炭沼泽 塔利怪物
		泥盆纪（Devonian）	420（419）	第一个两栖动物 提塔利克鱼
		志留纪（Silurian）	440（443）	大范围的珊瑚礁
		奥陶纪（Ordovician）	508（485）	第一批陆地植物
		寒武纪（Cambrian）	538	现代动物门出现 生物扰动作用无所不在

* 英文原版中的开始时间与国际年代地质表最新版中的时间存在差异，为便于对比，在括号内标注了国际地层委员会给出的最新时间（以2022年2月版本为准），下表同。

简略地质年代表（前寒武纪）

	宙（Eon）	代（Era）	对应的火星时间（见“火星学”）	开始时间（百万年前）	地质事件
前寒武纪（Precambrian）	元古宙（Proterozoic）	新元古代（Neoproterozoic）		800（1000）	埃迪卡拉动物群 成冰纪（雪球地球） 罗迪尼亚超大陆
		中元古代（Mesoproterozoic）		1600	
		古元古代（Paleoproterozoic）		2500	美国大峡谷中最老的岩石 奥克洛天然核反应堆 大氧化事件
	太古宙（Archean）	新太古代（Neoarchean）	亚马逊纪（Amazonian）（一直到现在）	2800	现代类型的板块构造（俯冲） 最年轻的科马提岩
		中太古代（Mesoarchean）		3200	
		古太古代（Paleoarchean）	赫斯伯利亚纪（Hesperian）	3600	
		始太古代（Eoarchean）	诺亚纪（Noachian）	4000	地球上最老的岩石：阿卡斯塔片麻岩
	冥古宙（Hadean）		前诺亚纪（Pre-Noachian）	4500	地球上没有这个时期的岩石；从球粒陨石、月岩和一些澳大利亚的锆石晶体中获得一些认识

附录 2
Appendix 2

词条索引 · 按汉语拼音排序

附录 3
Appendix 3

词条索引 · 按主题类别分列

花岗岩化
蛇绿岩
浊积岩
不整合面
均变论

地形

流动沙丘
天然怪石林
盐冰川
冰原岛峰
冰核丘
雅丹
亚祖河

变质作用

阿卡斯塔片麻岩
榴辉岩
金伯利岩
矽卡岩
缝合线

海洋学

蛇绿岩
斯维尔德鲁普
浊积岩

河流与洪水

冰湖溃决洪水
深泓线
亚祖河

岩石与矿物

阿卡斯塔片麻岩
紫水晶
杏仁孔
硫黄
球粒陨石
榴辉岩
花岗岩化
风化花岗质砂岩
金伯利岩
科马提岩
斑岩
奥长环斑花岗岩
捕虏体
锆石

沉积过程

生物扰动
流动沙丘
露西泥火山
盐冰川
缝合线
触变性
浊积岩
纹泥

土壤 / 岩石风化

食土癖

风化花岗质砂岩

岩屑堆

成土作用

太阳系

火星学

球粒陨石

章动

构造地质

外来岩体

石香肠

角砾岩

地槽

飞来峰

糜棱岩

蛇绿岩

泛大洋

假玄武玻璃

断面擦痕

扭梳纹

时间

阿卡斯塔片麻岩

人类世

成冰纪

奥克洛天然核反应堆

泛大洋

不整合面

均变论

锆石

火山作用

杏仁孔

硫黄

火山泥石流

露西泥火山

火山发光云

火山硅肺病

捕虏体

风

三棱石

流动沙丘

哈布风暴

重力风

雅丹

附录 4
Appendix 4

传记参考

维克多·胡戈·贝尼奥夫
Victor Hugo Benioff
1899—1968)
贝尼奥夫带

诺曼·鲍温
Norman Bowen
1887—1956
花岗岩化；矽卡岩

彼得·科尼
Peter Coney
1929—1999
地槽

亨利·菲利贝尔·加斯帕德·达西
Henri Philibert Gaspard Darcy
1803—1858
达西定律

查尔斯·达尔文
Charles Darwin
1809—1882
地槽；复活分子

詹姆斯·赫顿
James Hutton
1726—1797
花岗岩化；不整合面；均变论

马歇尔·凯伊
Marshall Kay
1904—1975
地槽

开尔文勋爵
William Thomson，Lord Kelvin
1824—1907
地槽；花岗岩化

英格·莱曼
Inge Lehman
1888—1993
地球发电机

查尔斯·莱尔
Charles Lyell
1797—1875
均变论

安德烈·莫霍洛维奇
Andrija Mohorovičić
1857—1936
莫霍面

古斯塔夫·施泰因曼
Gustav Steinmann
1856—1929
蛇绿岩

汉斯·施蒂勒
Hans Stille
1876—1966
地槽

哈拉尔德·尤里克·斯维尔德鲁普
Harald Ulrik Sverdrup
1888—1957
斯维尔德鲁普

玛丽·萨普
Marie Tharp
1920—2006
榴辉岩

和达清夫
1920—1995
贝尼霍夫带

阿尔弗雷德·魏格纳
Alfred Wegener
1880—1930
贝尼霍夫带

亚伯拉罕·戈特洛布·维尔纳
Abraham Gottlieb Werner
1749—1817
花岗岩化

参考文献
Selected References

Alley, Richard. *The Two-Mile Time Machine: Ice Cores, Abrupt Climate Change and Our Future*. Updated edition. Princeton University Press, 2014.

Bjornerud, Marcia. *Reading the Rocks: The Autobiography of the Earth*. Basic Books, 2006.

——. *Timefulness: How Thinking Like a Geologist Can Help Save theWorld*. Princeton University Press, 2018.

Fortey, Richard. *Dry Storeroom No. 1: The Secret Life of the Natural History Museum*. Knopf, 2008.

——. *Earth: An Intimate History*. Vintage, 2005.

Garlick, Sarah.*National Geographic Pocket Guide to Rocks and Minerals of North America (poeket Guides)* . National Geographic, 2014.

Hazen, Robert M. *The Story of Earth: The First 4.5 Billion Years, from Stardust to Living Planet*. Penguin Books, 2013.

——. *Symphony in C: Carbon and the Evolution of (Almost) Everything*. W. W. Norton, 2019.

Knoll, Andrew. *Life on a Young Planet: The First Three Billion Years of Evolution on Earth*. Revised edition. Princeton University Press, 2015.

McPhee, John. *Annals of the Former World*. Farrar, Straus and Giroux, 2000.

National Audubon Society. *Field Guide to Rocks and Minerals*. Knopf, 1979.

Neuendorf, Klaus (author), and Jim Mehl (editor). *Glossary of Geology*. 5th edition. American Geosciences Institute, 2012.

Palmer, Douglas et al. *Earth: The Definitive Visual Guide*. 2nd edition. DK Smithsonian, 2013.

Shubin, Neil. *Your Inner Fish: A Journey into the 3.5 Billion-Year History of the Human Body*. Vintage Books, 2009.